室内软装设计
资 料 集

理想·宅 编

化学工业出版社
·北京·

软装设计是一门对综合性素质要求较高的工作，室内软装的种类非常繁多，想要协调好它们之间、它们与硬装之间的关系，打好基础是必要的。一本种类详尽的室内软装资料集可以帮助设计者打好坚实的基础，有助于后期设计的顺利进行。本书总结了室内常用的软装类型，并以它们的分类为分章依据，每一章节里面以易懂且简练的文字搭配表格为主的简洁版式，详细地讲解了每一种软装的风格、材料、做工等方面的特征，并搭配运用技巧和实景案例解析，兼具实用性和观赏性，让读者能够轻松地掌握软装基础知识。

图书在版编目（CIP）数据

室内软装设计资料集 ／ 理想·宅编． —北京：化学工业出版社，2018.2
ISBN 978-7-122-31365-2

Ⅰ．①室… Ⅱ．①理… Ⅲ．①室内装饰设计 Ⅳ．①TU238.2

中国版本图书馆CIP数据核字（2018）第009740号

责任编辑：王 斌 邹 宁　　　　　　　　　　　装帧设计：王晓宇
责任校对：王 静

出版发行：化学工业出版社(北京市东城区青年湖南街13号　邮政编码100011)
印　　装：中煤（北京）印务有限公司
787mm×1092mm　1/16　印张16　字数350千字　2018年5月北京第1版第1次印刷

购书咨询：010-64518888（传真：010-64519686）　　售后服务：010-64518899
网　　址：http://www.cip.com.cn
凡购买本书，如有缺损质量问题，本社销售中心负责调换。

定　　价：98.00元

　　室内装饰设计包含了两个大的方面：一是硬装，指的是用各种材料通过造型方式来美化室内的固定界面，包括顶面、墙面和地面等；另一种就是软装，简单来说，是指室内一切可以移动的装饰元素，包括家具、灯具、布艺织物、花艺绿植、小饰品等。只有硬装的居室只是一个空架子，是无法居住的，只有用软装让居室变得丰满以后，居室才能变得舒适，才能独具个性，由此足见软装的重要性。

　　室内软装的种类繁多，每一种之中还包括很多小的类别，可以说软装设计是一项非常繁杂的工作，要求设计者有着比较高的文化素养、较高的艺术品位，并需要不断地提升自我修养。那么，怎样才能做好软装设计？对室内软装的种类、特点有一个详细的了解是进行软装设计、搭配的基础，所以一本内容全面的资料集是非常必要的参考材料。

　　本书由"理想·宅 Ideal Home"倾力打造，将室内常用的软装素材进行整理，其中包含家具、灯具、织物、壁纸、花艺、工艺品、装饰画和餐具等，并以这些分类作为分章依据。每一章中详细地讲解每一种软装素材在不同风格、不同材质、不同工艺等方面的特点，并配以运用技巧和实景案例解析，以表格的形式简洁明了地呈现出来，将软装设计基础内容化繁为简，即使是没有经验的读者，也可以读懂。

　　参与本书编写的有黄肖、邓毅丰、杨柳、赵利平、武宏达、刘雅琪、王广洋、任雪东、郭芳艳、李玲、李幽、郑丽秀、刘向宇、李小丽、王军、李子奇、于兆山、蔡志宏、刘彦萍、张志贵、李四磊、刘杰、孙银青、安平、肖冠军、马禾午、李广、谢永亮、赵莉娟、任晓欢、孙鑫、李凤霞、闫少宏、张星慧、闫玉玲、张喜文、张喜华、孙淼、梁越、肖韶兰、张鹏志、于静、张丽玲、徐武。

目录
CONTENTS

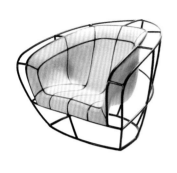

第一章

室内软装元素
之
家具

FURNITURE

家具是日常生活、工作不可或缺的必需品

是建立居住、生活空间的重要基础

家具跟随时代的脚步不断发展创新

在满足实用需求和舒适度的基础上

材料、造型也越来越多样化

如何选择家具是影响室内效果的关键

了解家具的不同种类、风格、材质以及制造工艺的介绍

有利于在满足生活需求的基础上

更好地美化室内空间并展现居者的品位和个性

家具的使用功能分类

　　家具的使用功能，是指家具的具体作用。人们所使用的家具中，有供人们坐卧的家具，也有可供人们学习、书写的家具，而还有一些则完全是起到装饰作用的。总的来说，室内家具可分为坐卧类、凭倚类和贮藏类三个大的类别，分别满足人们不同的使用需求。

1 坐卧类家具

　　坐卧类家具是家具中最古老和基本的类型，它的演变反映出社会需求与生活方式的变化，浓缩了家具设计的历史，是家具中较有代表性的一种，也是家居生活中不可缺少的必需品。坐卧家具是使用时间长和接触人体多的基本家具类型，可分为沙发、凳、椅、床、榻五个种类。

沙发

　　沙发属于室内必备家具之一，不仅可以用在客厅中，而且在书房、卧室甚至是阳台中，都可以摆放沙发用来坐卧。沙发可以分为高背沙发、低背沙发和普通沙发三种，其中普通沙发是家居中的主流；按照样式又可以分为四人沙发、三人沙发、双人沙发、单人沙发、L形沙发以及弧形沙发等，适合不同的居住空间以及不同的组合形式。

沙发的种类及介绍

名称	介绍	搭配建议	图片
四人沙发	◎体型最大，最多可供5~6人同坐 ◎长度2320~2520毫米 ◎深度850~900毫米 ◎墙面长度不小于4米，比例会更舒适 ◎适合大面积空间 ◎适合做主沙发	◎4+3+2 ◎4+3+1 ◎4+2+2 ◎4+3+1+1	
三人沙发	◎体型较大，最多可供4~5人同坐 ◎长度1750~1960毫米 ◎深度850~900毫米 ◎墙面长度不小于3米，比例会更舒适 ◎适合大空间及中等空间 ◎适合做主沙发 ◎大空间中也可作辅助沙发	◎3+2+2 ◎3+2+1 ◎3+1+1	
双人沙发	◎体型适中，最多可供2~3人同坐 ◎长度1260~1550毫米 ◎深度800~900毫米 ◎墙面长度不小于2米，比例会更舒适 ◎适合中等空间及小空间 ◎最常用来做辅助沙发 ◎小空间可做主沙发	◎单独使用 ◎2+1+1 ◎2+1	
单人沙发	◎体型较小，一般仅供1人使用 ◎长度800~950毫米 ◎深度800~900毫米 ◎适合中等空间及小空间 ◎最常用来做辅助沙发 ◎小空间中可做主沙发	◎单独使用 ◎1+1	
L形沙发	◎带有拐角，可供5~6人同坐 ◎主体部分长度1750~1960毫米 ◎深度850~900毫米 ◎墙面长度不小于3米，比例会更舒适 ◎适合中等空间及小空间 ◎适合做主沙发	◎单独使用 ◎L+1	

名称	介绍	搭配建议	图片
U形沙发	◎整体成U形 ◎可供5~6人同坐 ◎墙面长度不小于4米，比例会更舒适 ◎适合大空间及中等空间 ◎适合做主沙发 ◎围合式造型，使交谈者之间具有亲切感	◎单独使用 ◎U+1+1	
弧形沙发	◎拐角部分或整体成圆弧形 ◎可供5~6人同坐 ◎墙面长度不小于4米，比例会更舒适 ◎适合大空间及中等空间 ◎适合做主沙发 ◎可柔化室内方正的线条	◎单独使用 ◎弧形+1	

凳类家具

　　在坐卧类家具中，马扎是最早出现的一种，它是凳子的前身；而凳子是椅子的原始形态，在凳子上加一个靠背，就衍变成为椅子。凳子最初是用来踩踏供人们上马、上轿时使用的，所以也称马凳、轿凳。

　　凳子的用料、造型相对简单，体积小、移动灵活，所以用途很广泛。凳子的形状很丰富，长方形是最早期的形状，到了清代，出现了方形、圆形、扇面形、梅花形、六角形等造型的凳子。

凳的种类及介绍

名称	介绍	搭配建议	图片
条凳	◎也叫板凳，为长条形，仅能供一人使用 ◎最常见的为四条腿的款式，也有两条腿的样式 ◎造型多简洁，花样较少 ◎常见为木质，也有少数皮质和藤等材料	◎可用在客厅、餐厅玄关或书房中 ◎宜搭配方桌、方几	
长凳	◎长条形，可供2~3人同坐 ◎款式较少，造型变化主要是在坐卧的凳面上 ◎材料以木质为主，有的款式凳面会搭配皮料或布料	◎可用在餐厅中，取代餐椅，增加用餐人数 ◎宜搭配长方形的桌子	
圆凳	◎也叫圆杌，是一种杌和墩相结合的凳子 ◎形状较多，有圆形、海棠形、梅花形等 ◎多带束腰 ◎用料珍贵，如红木、楠木等 ◎中式传统家具之一	◎可用在客厅或餐厅 ◎宜搭配圆桌、圆几	
方凳	◎尺寸较多 ◎样式变化较丰富，材质多样 ◎容易翻倒，坐卧需小心、谨慎 ◎中式传统家具之一	◎可用在客厅或餐厅 ◎宜搭配方桌、方几	
墩凳	◎没有四条"腿" ◎两端小、中间大的腰鼓形 ◎可以柔化方正的建筑线条 ◎容易翻倒，坐卧需小心、谨慎 ◎中式传统家具之一	◎可用在客厅 ◎与规整造型的其他家具搭配，视觉更舒适	

名称	介绍	搭配建议	图片
储物凳	◎多为方形或长条形 ◎表面可坐卧 ◎下方可储藏物品 ◎材质有实木、板材、布艺、皮革、藤艺等 ◎非常适合小户型	◎适合用在客厅、玄关或卧室内	
床尾凳	◎多为长条形，用在床尾 ◎可防止被子滑落、放置衣物或坐卧 ◎属于西式家具 ◎多为实木框架，面层搭配布艺、皮革等	◎适合用在卧室 ◎宜与床组合使用	
化妆凳	◎供人们梳妆时使用的小凳子 ◎款式、风格多样 ◎体积较小，方便移动 ◎常用材质有实木、布艺、皮革等多种类型	◎适合用于卧室或化妆间 ◎需与梳妆台组合使用	
脚凳	◎最矮的一种凳子，也叫脚踏 ◎在古代时，其主要作用是用来踩脚 ◎现代多用来垫脚 ◎也可供人坐卧 ◎移动方便，使用位置可灵活变动	◎可用在客厅、卧室或书房 ◎可与沙发或座椅搭配使用	
吧凳	◎座位离地较高 ◎无靠背或靠背面积较小 ◎部分款式可以旋转 ◎多以木质和金属为框架	◎可用在客厅、餐厅、休闲室或厨房 ◎与吧台组合使用	

椅类家具

　　椅子是现代生活中运用较多的一种家具，它既可以与沙发组合使用，也可以单独使用。椅子的形态本源是凳子，凳子加上靠背就变成了靠背椅，再加上扶手就成为了扶手椅。

　　随着生活和科技水平的不断提高，椅子还延伸出了很多新的形态和用途，例如摇椅、躺椅、折叠椅等，比沙发的作用更多，使用方式也更灵活。

椅的种类及介绍

名称	介绍	搭配建议	图片
圈椅	◎圈背连着扶手，从高到低，一顺而下 ◎造型圆婉优美，体态丰满劲健 ◎中式古典家具之一，起源于唐代 ◎坐靠时，可使人的臂膀都倚着圈形的扶手，非常舒适 ◎古典中式风格的家具中，圈椅材质主要以各种实木为主，如黄花梨、檀木等 ◎新中式风格中，圈椅也会使用现代的金属、塑料、玻璃等材料	◎多用在客厅或书房 ◎适合成对摆放	
躺椅	◎别名"睡前椅"、"暖椅"、"逍遥椅"、"春椅"等 ◎出现时期为清代 ◎有分体和连体两种款式 ◎材质较多，常见的有木质、藤、塑料、皮革、布艺、合金等	◎可用在客厅、书房、卧室或阳台 ◎宜搭配小型几类组合使用	

名称	介绍	搭配建议	图片
折叠椅	◎可以折叠起来进行收纳 ◎方便携带、储存，节省空间 ◎框架多为金属材料 ◎面料多为各种布料或皮料 ◎分为软面和硬面两种类型	◎可用在除厨房和卫浴间的任意空间内 ◎若追求舒适感，可搭配一个脚凳	
沙发椅	◎形态介于沙发和椅子之间 ◎比沙发更轻、更小一些 ◎比其他类型的椅子更舒适，装饰感更强 ◎款式及材料多样	◎适合用在客厅、书房或卧室中 ◎大面积空间可与沙发组合 ◎小面积空间可成对或单独使用	
靠背椅	◎仅有靠背，没有扶手 ◎款式、造型多样 ◎比扶手椅占地面积小 ◎材质可选择性较多，常见的有木质、金属、皮革、布艺等	◎多用在客厅、餐厅、书房或卧室中 ◎适合成对或成组组合 ◎通常会搭配桌、几使用	
扶手椅	◎除圈椅外，所有带扶手的椅子 ◎款式、造型多样 ◎比靠背椅占用面积大一些 ◎框架部分和椅面常采用两种或多种材质组合	◎多用在客厅、餐厅、书房或卧室 ◎适合成对或成组组合 ◎通常会搭配桌、几使用	
转椅	◎上半部分多为扶手椅 ◎下部分带有转轴，可360度旋转 ◎多为工作椅 ◎椅面有皮革、布艺等多种材料 ◎可旋转部分多为金属材质	◎多用在书房或卧室 ◎搭配写字桌使用	

名称	介绍	搭配建议	图片
摇椅	◎腿部为弧度造型 ◎可前后摇晃 ◎多为躺椅造型 ◎款式较单一 ◎材质多为竹、藤等自然材料	◎可用在客厅、书房、卧室或阳台 ◎宜搭配小型几类组合使用	
多功能椅	◎也叫按摩椅，可按摩、保健 ◎功能多样化，集滚压、敲打、揉捏于一体 ◎样式较少 ◎柔软、舒适，能缓解疲劳 ◎多为皮革材料	◎可用在客厅、书房或卧室 ◎单独使用，也可搭配小型几类	
藤椅	◎采用藤或PE藤为原料制成的椅子 ◎制作方式为编织，技术源自于东南亚，具有南亚风情 ◎具有高透气性，美观、舒适 ◎古朴而具有艺术性，给人返璞归真的自然感 ◎造型多种多样，还可以定制	◎多用在客厅、餐厅、书房或卧室 ◎成对或成组，搭配桌、几使用	
吊椅	◎吊椅由支架、悬吊件和座椅三部分组成 ◎最具代表性的是鸟巢椅和泡泡椅 ◎常用材料有藤、亚克力、金属等 ◎可以随着使用者的用力而自由摇晃 ◎占地面积较大	◎适合用在客厅、阳台或卧室中	
球形椅	◎是从圆形的球体中挖出一部分使它变平，形成的一个围合空间 ◎是芬兰家具设计大师艾洛·阿尼奥的基本创意手法，属于一个时代的象征 ◎主体原料为玻璃纤维 ◎能够给乘坐人一种安全的感受 ◎椅子的球形部分可以转动	◎多用在书房或卧室 ◎搭配写字桌使用	

床、榻类家具

人生的三分之一的时间是在床上度过的，所以床是家居中不可缺少的一种家具。经过千百年的锤炼，现代的床不仅仅是一种实用性的家具，更是一种装饰品。床有许多种类，除了常见的单、双人床外，还有抽拖床、立柱床、双层床等，适合不同人群。

榻是比床体积更小的一种可坐可卧的家具，目前常见的有贵妃榻和罗汉床两类，适合短暂的休息，在卧室内摆放床、榻组合，能够满足不同时段的休息需求。

床、榻的种类及介绍

名称	介绍	搭配建议	图片
双人床	◎宽度为1500~2200毫米 ◎长度为2000毫米 ◎可供2人同时使用 ◎造型多样，款式精美 ◎常见材料有布艺、皮革、实木、板材、铁艺等	◎适合双人或单人卧室 ◎宜搭配双侧床头柜组合	
圆床	◎目前市面上常见的双人圆床尺寸有2400毫米×2700毫米×800毫米、2600毫米×2900毫米×800毫米、2600毫米×2520毫米×880毫米、2400毫米×2300毫米×800毫米等几种 ◎占地面积大，可供2~3人同时使用 ◎造型新颖，色彩多样 ◎非常适合年轻人使用，特别是新婚家庭	◎适合双人卧室 ◎床头柜可根据床的造型具体选择，有的圆床自带储物部分，就无需再做搭配 ◎搭配圆形的床头柜，效果更协调	

名称	介绍	搭配建议	图片
单人床	◎宽度为720~1200毫米 ◎长度为2000毫米 ◎可供1~2人同时使用 ◎造型较多，但少于双人床 ◎常见材料有布艺、皮革、实木、板材、铁艺等	◎适合单人卧室或书房 ◎可搭配双侧床头柜组合 ◎也可搭配单侧床头柜组合	
婴儿床	◎宽度为720毫米 ◎长度为1200~1400毫米 ◎造型较少，颜色较多 ◎护栏分固定和可调节两种 ◎材质多为实木	◎若与成人床放在一起，可选护栏可调节的款式	
立柱床	◎尺寸与双人床相同 ◎可分为中式和西式两类 ◎中式床上方有"梁"，西式床仅有立柱 ◎床的框架多以实木为主 ◎床多带有精美的雕花装饰	◎适合面积较大的双人卧室 ◎宜搭配双侧床头柜组合	
双层床	◎也叫作"子母床" ◎宽度为720~1200毫米 ◎可供2~3人同时使用 ◎分为上、下两层 ◎下层宽于上层，或宽度相等 ◎适合孩子多且面积小的家庭 ◎款式较少 ◎多为实木材料	◎卧室面积不宜小于6平方米 ◎建议不搭配床头柜，单独使用	
高架床	◎宽度为720~1200毫米 ◎可供1人使用，分为上、下两层 ◎上层用于睡眠，下层为书桌或收纳空间 ◎款式较少 ◎多为实木材料 ◎可供儿童或单身人士使用	◎适合小面积卧室 ◎建议不搭配床头柜，单独使用	

名称	介绍	搭配建议	图片
抽拖床	◎宽度为750~1500毫米 ◎长度为2000毫米 ◎可供1~2人同时使用 ◎下层可隐藏，也可抽出来作为单人床使用 ◎造型较少 ◎材料以实木居多	◎适合小面积卧室 ◎可搭配双侧床头柜组合 ◎也可搭配单侧床头柜组合	
折叠床	◎有单人和双人两种 ◎一类床为折叠框架 ◎一类床为固定框架，但可向墙壁折叠，整体隐藏 ◎节省空间，使用方便 ◎造型较少 ◎材料多为木质或金属	◎适合小面积卧室 ◎多单独使用 ◎若位置固定，也可搭配小型几类	
隐藏翻板床	◎安装在墙壁上，平时外观与衣柜相同，使用时将柜门翻下来就是一张床 ◎有单人的尺寸，也有双人的尺寸 ◎白天可以让居室有更多的使用空间 ◎框架材料，多为板式结构 ◎床架多为铁艺和木料	◎适合一室多用的家庭，例如客厅兼做卧室、书房兼做客房等 ◎通常来说，使用隐藏翻板床多因为空间面积不足，所以不建议搭配床头柜	
贵妃榻	◎面积小，可坐可躺 ◎做工精致，形态优美 ◎分为中式和西式两种 ◎款式、造型多样 ◎中式多为木质，西式多为木框架，组合布艺、丝绒等	◎适合客厅及卧室 ◎宜搭配沙发或床组合	
罗汉床	◎面积中等，可坐可躺 ◎能够同时供2人使用 ◎中式古典家具之一 ◎款式较少 ◎做工精致，多带有雕花、镂空等工艺手法 ◎以实木为主，如红木、楠木等	◎适合客厅、书房或卧室 ◎可搭配床、沙发 ◎也可单独使用	

2 凭倚类家具

凭倚类家具是指人们在生活、工作中进行凭倚及伏案工作时与人体直接接触的家具，如书桌、写字台、餐桌等，它介于坐卧类家具与贮藏类家具之间。总的来说，凭倚类家具在使用方式上可分为桌台与几两大类，桌台类较高，几类较矮；前者种类较少，后者种类较多。

桌台类家具

桌台类家具需要与坐卧类家具组合使用，尺寸宜与其配套选择，否则使用不便。桌类供人们在坐姿状态下使用，台类家具在坐姿、站姿下均能使用。它们在人们的工作和生活中有着重要作用。

桌台类家具的构成主要有三部分：一是台面部分，供人们进行活动；二是抽屉部分，主要用来储物，也有一些桌台会使用开敞式的格子；三是腿的部分，负责支撑。

桌台的种类及介绍

名称	介绍	搭配建议	图片
餐桌	◎常见的有长条形、圆形和方形三种 ◎长方形餐厅适合使用长条形餐桌，方形餐厅较适合使用圆形或方形餐桌 ◎餐桌风格宜与空间整体协调一致 ◎如果一侧餐椅需要靠墙，选择餐桌尺寸时，还应将餐桌距离墙边的距离考虑进来，一般为80厘米左右	◎狭长型的餐厅，餐桌宜靠墙摆放，使交通空间集中在一侧 ◎方正型的餐厅，餐桌适合摆放在中间，使交通空间位于四周	

名称	介绍	搭配建议	图片
写字桌/台	◎尺寸较小、重量轻的可定义为写字桌，形式灵活，可以仅是一个桌面，也可以带有储物部分 ◎尺寸较大、重量大的可定义为写字台，是办公班台的简化版，除桌面下方有抽屉外，支撑部分通常也是抽屉 ◎写字桌/台一般靠窗或窗附近摆放，以保证充足的光线	◎小面积的书房或卧室适合使用写字桌，可以利用窗前或角落的位置"量体裁衣"地进行订制 ◎宽敞一些的书房适合使用写字台，可以避免空旷感	
装饰桌/台	◎宽度通常比较小，常见的有长条形、半月形和弧线形等几种 ◎是一种装饰性大于实用性的家具 ◎常用的有玄关桌/台、端景桌/台以及客厅装饰桌/台等 ◎能够强化空间整体的装饰效果，增加富丽感或艺术感	◎桌面上可以摆放一些具有室内风格典型特征的装饰画、花艺或装饰品 ◎造型可根据空间的形状具体选择 ◎除靠墙摆放外，在客厅中还可放在沙发后方	
吧桌/台	◎吧桌/台的常规高度为1050~1300毫米 ◎吧桌可以随意地移动位置，占地面积小，除餐厅外，还可用于客厅、阳台、休闲区等处 ◎吧台的位置比较固定，无法随意地移动，通常用于餐厅或休闲区中	◎面积比较小的户型，建议使用吧桌，可将长边或短边靠墙摆放 ◎若非常在意装饰的统一感和协调性，建议定制或由木工现场制作	
梳妆台	◎分为独立式和组合式两种 ◎独立式梳妆台是独立的，可以随意移动，装饰效果突出 ◎组合式梳妆台与其他家具连接在一起，适合小户型 ◎标准高度为加镜子1500毫米左右，宽度为700~1200毫米	◎梳妆台的色彩和风格宜与卧室整体相协调 ◎并不是所有的梳妆台都带有梳妆凳，若自行配置，建议选择与梳妆台相同材料或色彩的款式	
电脑桌	◎可分为组合式、转角式、折叠式和床上电脑桌等 ◎落地式电脑桌桌面的适宜高度为670~700毫米，键盘位应与肘部等高 ◎不建议用书桌兼做电脑桌，在使用时会感觉比较累，容易影响健康 ◎材料多为木质或玻璃	◎组合式、折叠式和床上桌非常节省空间，适合小户型 ◎转角式可充分利用空间中的转角，比较适合放在窗边	

几类家具

几类家具属于辅助性家具，多数几类都需要与坐卧类家具组合使用，摆放一些日常生活中的常用物品，也有少数几类是起到纯粹的装饰作用的，如花几和条几。

此类家具的统一的特点是造型简洁，即使是华丽风格的几类，也不会太过笨重，均轻便且易于移动。现代家具中的几类并不全部都是低矮的，在与空间内的主体家具组合时能够形成高低错落的效果，是丰富室内空间整体层次感的好帮手。

几的种类及介绍

名称	介绍	搭配建议	图片
茶几	◎现代茶几不再仅限于规则的长条形、方形和圆形，还有椭圆形、不规则形状和圆弧边角的三角形等 ◎常见材料有玻璃、实木、金属、大理石、藤竹、亚克力等 ◎与沙发组合时，高度宜在400毫米左右，最高不宜超过沙发扶手的高度	◎茶几的搭配效果取决于沙发围合区域或房间的长宽比 ◎小客厅可以选择轻便一些但稍高的款式，大客厅则适合选择厚重一些但高度略低的款式	
边几	◎摆在两个沙发中间的小几，就称为边几 ◎可用来摆放生活用品，也可用来摆放装饰品 ◎尺寸较茶几小，高度选择较灵活，可与沙发等高，也可比沙发高或低 ◎造型多样，材料组合丰富 ◎可灵活移动，使用更便利	◎如果客厅面积小，还可用两张边几组合放在沙发前来代替茶几 ◎作为纯装饰，可选只有台面的款式；带收纳功能的边几则可以增加家居收纳量，存储一些小物品	

名称	介绍	搭配建议	图片
角几	◎非常小巧、可灵活移动 ◎造型多变，类似于高脚凳 ◎用来摆放在角落、沙发边或者床边 ◎尺寸较固定，长宽方向通常不做太大改变，只在高度上做区别 ◎可分为单层款式、双层款式、带置物架的款式、带抽屉的款式以及创意款式等	◎角几在小空间中可以取代大型几类或小型柜子来使用 ◎当客厅的面积较大时，可以用角几补充空隙，做装饰并增加储物量 ◎其风格宜与主家具相协调	
炕几	◎中国传统家具之一 ◎最早的时候用于炕面上，现在多用于飘窗、榻榻米等处 ◎造型以长方形最为多见 ◎材料多为实木、藤等 ◎可分为单层和带储物部件两类	◎随着文化的不断交融，炕几发展出了很多风格，搭配时，建议选择与室内风格协调的款式和色彩	
花几	◎又称花架或者花台，俗称高花几 ◎中国古代传统家具之一 ◎专门用来摆放花卉、绿植或盆景 ◎属于装饰性家具，通常成对使用 ◎大多数花几都比桌要高 ◎常用的有方形、圆形、六角形、八角形等	◎装饰性家具选择时，宜特别注重做工的精致程度 ◎花几除中式风格外，还发展出了很多其他风格，可根据居室风格搭配选择	
香几	◎中国古代传统家具之一 ◎作用是用来摆放香炉 ◎大多为圆形，较高 ◎腿足弯曲较夸张，且多三弯脚，足下有"托泥" ◎在现代属于装饰性家具 ◎适合成对或成组使用	◎适合中式或新中式风格的居室，可以提升室内设计的整体格调	
条几	◎中国古代传统家具之一 ◎是长条形的几案 ◎明清时，是家居中的必备品，现代则属于装饰性家具 ◎造型简单，易于移动 ◎主要用来摆放装饰品和花卉等 ◎款式可选择性较多，现代使用的条几不再仅限于中式风格	◎条几的宽度较窄，很适合用在过道或玄关中 ◎可搭配装饰画、花艺或工艺品组合使用	

3 贮藏类家具

　　贮藏类家具也可以称为贮存性家具，是用来整理和收藏生活中琐碎、凌乱的衣物、消费品、书籍等物品的家具，可以让生活空间变得井然有序。此类家具的实用性要大于装饰性，由于每个人的习惯不同，所以贮藏类家具的内部结构设计需要特别选择，让其符合生活习惯。

柜类家具

　　柜体类家具包括衣柜、橱柜、书柜、酒柜、电视柜、餐边柜、斗柜等很多种类。它们具有较高的实用性，除了可以购买成品外，还可以根据使用空间的特点来进行定制，尤其是小户型，定制柜更能充分利用空间面积并满足使用需求。

　　柜体设计的材质主要以木材为主，其他材质相对较少，但不代表柜体是缺乏装饰效果的，五斗柜、角柜的装饰性就比较强。

柜的种类及介绍

名称	介绍	搭配建议	图片
电视柜	◎现在电视大多悬挂在墙面上，与以前摆放电视不同的是，现今它的主要作用是摆放影音设备以及装饰空间 ◎可分为独立式和组合式两种 ◎独立式电视柜装饰性强，可选择性多，方便移动 ◎组合式电视柜带有较多的存储空间，更实用	◎电视柜的尺寸宜结合墙面长度和电视机尺寸来选择，比例舒适最重要 ◎电视柜位于客厅的中心，因此其造型、色彩和风格宜与电视墙造型相呼应	

名称	介绍	搭配建议	图片
玄关柜	◎玄关柜主要有两种形式，一是低矮的装饰柜，一是组合式的衣帽柜 ◎装饰柜装饰性更强，还可以收纳一些小物品或兼做隔断 ◎组合式的衣帽柜集鞋柜、衣帽柜和穿衣镜等为一体，更倾向于实用性 ◎组合式玄关柜的高度不宜超过大门	◎装饰柜的选择比较自由，可结合居室风格选择适合的款式 ◎组合柜的颜色应避免上深下浅，容易有不稳定的感觉 ◎组合柜造型可以从中间适当断开，并适当搭配灯光	
鞋柜	◎常规结构的鞋柜多为长条形，厚度为300~400毫米 ◎除平板结构外，还有翻板结构和入墙式结构，后两种更适合小玄关 ◎常用材料有木质鞋柜、电子鞋柜和消毒鞋柜等	◎宜根据玄关的面积选择鞋柜的长度和厚度 ◎如果面积足够，建议选择带有不同高度设计的款式，可以将鞋子分类保存	
书柜	◎书柜除了可以收纳书籍，让书房更整洁外，还具有装饰性作用 ◎材料多为实木或人造板 ◎宽度没有统一的选择标准，但家用书柜高度不建议超过2100毫米 ◎无论是定制还是购买均需要根据家中藏书种类，全面考虑各部分的尺寸	◎书柜的颜色宜根据书房面积选择，小书房建议搭配浅色，大书房可搭配深色 ◎实体门板搭配玻璃门板或者实体门板搭配搁架的款式装饰上层次感更强一些	
衣柜	◎可分为移门衣柜、推拉门衣柜、平开门衣柜和开放式衣柜四类 ◎长度可任意选择 ◎衣柜外部整体进深的适宜尺寸为550~600毫米 ◎内部进深的适宜尺寸为530~580毫米	◎宜先确定床及床头柜的位置，而后再安排衣柜的位置 ◎正确地选择衣柜的摆放位置，可以让卧室内的空间分配更加合理	
酒柜	◎酒柜并不限定于摆放在餐厅中，也可以放在客厅或休闲区中 ◎它除了储存酒类外，还兼具展示、装饰、备餐、隔断等作用 ◎可分为实木酒柜和合成酒柜两类，前者较美观，后者较专业 ◎家用酒柜长度和宽度没有统一尺寸标准，但高度不建议超过1800毫米	◎如果使用酒柜的空间面积较小，可以使用角柜式的酒柜，以节省占地面积 ◎打掉一面墙设计整体酒柜时，酒柜的高度需要精心计算，否则容易给其他墙面增加承重压力	

名称	介绍	搭配建议	图片
床头柜	◎床头柜属于卧室内的常用家具，但并非必备家具，当卧室面积小时可以舍弃或用其他家具来兼代 ◎床头柜的尺寸应与床的高度保持一致，或略高于床10毫米以内 ◎常见的有抽屉式、搁架式以及抽屉和搁架组合等多种造型	◎可以根据需要存储物品的数量来选择具体的造型 ◎如果位置比较小，可以使用小的角几来代替床头柜 ◎床头柜不是必须要与床成套购买，但材质或色彩的设计上建议有呼应	
斗柜	◎可在室内各空间中使用的收纳家具 ◎常见的有三斗柜、四斗柜、五斗柜、七斗柜等 ◎由多个抽屉组成，主要用于收纳小型物品，功能比较单一 ◎造型以长方形最为多见	◎斗柜的材料及色彩选择宜与空间其他家具一致 ◎成组使用时，可以将同款式不同高度的斗柜组合 ◎斗柜的细节设计宜与家居风格特点相符合	
角柜	◎角柜的背面为垂直角，可以刚好嵌入到墙角中 ◎是能够充分利用空间边角的家具 ◎造型比较单一，整体都为三角形，尽在外侧边沿做斜线或弧线变化 ◎款式都比较美观，兼具装饰性和实用性	◎角柜作用较多，除收纳作用的柜子外，还有酒柜、饰品柜等，可根据使用空间和使用需求选择 ◎高度可结合空间中的其他家具来搭配组合，协调为佳	
边柜	◎边柜是放在空间空处或一侧墙边使用的收纳柜，多为低柜 ◎常见的有餐边柜、沙发边柜、过道边柜、卧室边柜等 ◎除了可以储物外，柜体台面上还可摆放一些装饰品来美化空间	◎边柜适合面积比较宽敞的空间 ◎如果注重储物，可选择封闭式的柜体；如果注重展示，可选择开放式的设计	
隔断柜	◎有两种常见形式：一是底部为柜体上方为隔断；二是左侧或右侧为柜体，另一侧为隔断 ◎多用在玄关、客厅或餐厅中 ◎兼储物、装饰及分隔空间的多种功能为一体 ◎可购买成品，也可"量体定制"	◎隔断柜的面积较大，其风格宜与家居整体风格一致 ◎选择款式时，宜将居室整体的采光考虑进来，如果采光不佳，适合选择通透性好的款式	

架格类家具

架格在中国古典家具中，最基本形式是以立木为四足，四足间加横枨、顺枨承架搁板，用横板将空间分隔成若干层，最低一层搁板之下安牙条及牙头。中间的搁板用来储物，有的搁板下方还会安装抽屉，属于开放式贮存类家具，具有敞亮大方、存储便捷、装饰性强等特点。

发展到现代，架格融合了多种国际风格，除材料的组合更多样化外，造型上也做了诸多的变化。

架格的种类及介绍

名称	介绍	搭配建议	图片
鞋架	◎与鞋柜的区别是，鞋架是完全开敞式的，无柜门，更便于存取 ◎可分为可移动和固定式两种 ◎可移动式存储量较少，可以随意移动位置，款式较多 ◎固定式多用在更衣间内，存储量大，款式较少 ◎相比鞋柜来说，款式少，装饰效果不及鞋柜	◎用在玄关的鞋架，高度不宜超过常规鞋柜，太高容易让人感觉重心不稳，鞋子多了以后开敞布置也容易显得不整洁	
书架/格	◎比起书柜来说，书架/格的体积更轻盈，展示性更强 ◎常用材料为木料、金属以及木料和金属组合等 ◎常见的造型形式为悬挂式、钢木结合式、倚墙式、嵌入式、独立式和隔板式，其中多数种类可以进行二次拆装组合	◎小空间适合选择悬挂式、嵌入式、搁板式等款式的书架/格 ◎书架/格的造型通常来说都比较简单，选择时，宜尤其注意其细节设计上与整体风格的呼应	

名称	介绍	搭配建议	图片
衣架	◎古代人使用的衣架多为横杆式，两侧有立柱，衣物脱下后搭在横杆上 ◎现代人使用的衣架可分为横杆式和立柱式两大类，衣架的收纳方式为垂直悬挂 ◎衣架比衣柜体积小，收纳量小，但更具通透感，取用方便，还可移动	◎当卧室内不适合使用衣柜时，就可以用衣架来代替衣柜对衣物做收纳 ◎立柱式的衣架还可以对衣柜做补充，放在角落处，能够增加收纳量	
博古架	◎古时用来陈列古玩，又称"百宝架"、"多宝架"、"什锦格" ◎中国古典家具中特有的款式 ◎始见于北宋宫廷、官邸，于清代开始兴盛 ◎现代家具中，可分为中式古典风格和新中式风格两大类	◎中式特有家具，适合中式古典风格或新中式风格 ◎适用于客厅或书房中，除了用来陈列饰品外，还可兼做隔断	
墙壁搁架/格	◎直接固定在墙面上的置物架，常见的有直板式、格子式、圆形、树形等多种造型 ◎兼具收纳和展示作用，使用空间不同，功能倾向略有区别 ◎使用非常灵活，可以充分利用墙面面积，特别适合小户型	◎当感觉墙面空旷时，除了悬挂装饰画，还可以使用搁架/格摆放装饰来美化 ◎空间中收纳位置不能满足使用需求时，如厨房和卫浴间中，还可以利用搁架/格来摆放常用物品	
隔断架/格	◎属于装饰性家具，主要作用是展示装饰品和分隔空间 ◎它可以灵活地界定空间，同时彰显居住者的品位 ◎造型上总体可以分为整体镂空、部分镂空和实体背板三种类型 ◎整体镂空的款式通透感最强	◎小尺寸的隔断架/格装饰效果不如隔断柜，建议面积足够的空间，再考虑使用隔断架/格 ◎若家中有孩童，建议选择带有背板的款式，物品较不容易掉落	
置物架	◎可以灵活增加各空间收纳量的小件家具，常用于卫浴间、厨房等处 ◎分为整体落地式和台面式两类，前者放置于地面上，后者可放在台面上 ◎除了常规的长条形款式外，还有可以充分利用角落的三角形款式 ◎重量轻，便于移动	◎置物架外观的挑选，可根据使用位置来决定，如果用在公共空间中，建议选择装饰性较强的款式；如果用在厨房、卫浴中，建议选择防潮耐腐蚀的款式	

家具的经典风格解析

家具除了按照功能分类外，最主要的划分方式就是风格。家具的功能是为了满足不同的使用需求，而家具的风格则更侧重于装饰效果的营造。唯有将风格作为统领条件，来选择不同功能的家具，才能够在满足实用性的基础上，使整个居室内的所有装饰达到视觉效果上的完美统一。总的来说，家具包括十一种经典风格，在造型、色彩以及材质的使用上各有其不同，下文将逐一介绍。

1 中式风格家具

中式家具可分为明式和清式两个大的种类，材料均以珍贵的木材为主；色彩多为原木色或厚重的深枣红色；造型上以雕刻著称，雕刻中尤以回文、满卷为意，梯形、凤爪、猫足、几何形体为多；装饰以雕漆、镶嵌、贴附为多，直接彩绘、起线、倒楞最为普遍；在家具脚的处理上多采用"马蹄"形脚，表达的是对清雅含蓄、端庄丰华的东方式精神的追求。

明式家具介绍

1 在造型和工艺上，为世界公认的最高水准。以榫卯构造为主，做工精细，构件断面小，轮廓简练。

2 造型以线形为主，装饰手法多样，常见的有雕、镂、嵌、描等。

3 木材坚硬，纹理优美；效果朴实高雅，刚柔并济。

4 常用主材有：花梨木、紫檀木、乌木、铁力木、楠木、黄杨木等。

5 常用辅材有：珐琅、螺钿、竹、牙、玉、石等。

明式典型家具速览

四出头官帽椅	南官帽椅	圈椅	玫瑰椅	灯挂椅
圆后背交椅	方凳	交机	圆凳	方桌
炕桌	平头案	翘头案	方角柜	圆角柜
连二橱	榻	罗汉床	架子床	拔步床

清式家具介绍

1 造型上融合了一些西方家具特点，体量浑厚、宽大，骨架粗壮结实，方直造型多于明式曲线造型。

2 雕饰繁重，装饰上力求富丽、豪华，花纹图案整体较满，多为吉祥瑞庆的花鸟纹等。

3 款式、用途更多样化，装饰手法更华丽，常见的有珐琅嵌、瓷嵌、彩绘、描金等。

4 常用主材有：黄花梨、紫檀、鸡翅木、铁梨木以及榉木等。

5 常用辅材有：金银、玉石、宝石、珊瑚、象牙及百宝镶嵌等。

清式典型家具速览

小宝座	大宝座	官帽椅	圈椅	靠背椅
太师椅	公座椅	双人椅	六角凳	梅花凳
圆凳	日字凳	四方凳	条桌	海棠台

| 半月台 | 四方台 | 翘头案 | 顶箱柜 | 多宝架 |
| 贵妃床 | 罗汉床 | 长床 | 架子床 | 拔步床 |

2 新中式风格家具

新中式风格家具摒弃了中式古典家具造型上繁复的雕花和纹路，将传统精髓与现代材料和简洁的造型手法结合，既符合现代人的生活习惯，又具有传统韵味。它不是完全意义上对明清家具的复古，而是通过凝练中式风格的特征，融合了庄重与优雅双重气质。

新中式家具介绍

1 传统文化中的象征性元素，如花卉、如意、瑞兽、"回"字纹、波浪形等，常常出现，但造型较中式古典家具更简洁、流畅。

2 保留了部分榫式结构，更多地采用钉接、胶接等方式。

3 结构更实用、舒适，改变了传统过分横平竖直的家具线条，融入了科学的人体工学设计。

4 材料不再局限于实木，人造板、布艺甚至是金属都非常常见，具有代表性的是实木框架和布艺垫结合的款式。

5 色彩不再局限于传统的枣红色，常见色为浅木色、黑色、红色、青色甚至还可以是银色；描金、彩绘应用频率减少。

新中式典型家具速览

实木沙发	木框架沙发	中式图案布艺沙发	藤木沙发
实木椅	金属椅	金属+实木椅	彩漆实木椅
木框架中式图案布艺椅	木框架素色布艺椅	藤木椅	简化中式高几
简化中式矮几	简化中式实木柜	板式柜	简化实木条案
实木框架贵妃榻	改良式罗汉床	实木立柱床	框架板式床

3 现代风格家具

现代风格追求时尚与潮流，是工业社会的产物。它起源于 1919 年成立的鲍豪斯学派，强调突破旧传统，重视功能和空间组织，彰显个性，具有浓郁的现代感，其设计的元素、材料都很单一，从整体到局部、从空间到室内陈设塑造，精雕细琢，给人一丝不苟的印象。

现代风格家具介绍

1 喜欢使用最新的材料，具有创新性，尤其是各种金属、玻璃、塑料等，经常被作为家具的主体材料使用。

2 纯板式家具的色彩更鲜艳、明亮，多搭配玻璃材料。

3 金属家具具有代表性，配以玻璃大理石等现代材料，有很强的时代感和现代色彩。

4 材料的多样化，使组装方式及工艺手法更现代、多样。

5 造型简练却非常随心所欲，没有统一的原则和要求。

现代风格典型家具速览

| 金属+皮革沙发 | 金属+布艺沙发 | 明亮色系布艺沙发 | 拟物形态沙发 |
| 金属蜘蛛网椅 | 铁艺网格椅 | 立体金属椅 | 异形设计椅 |

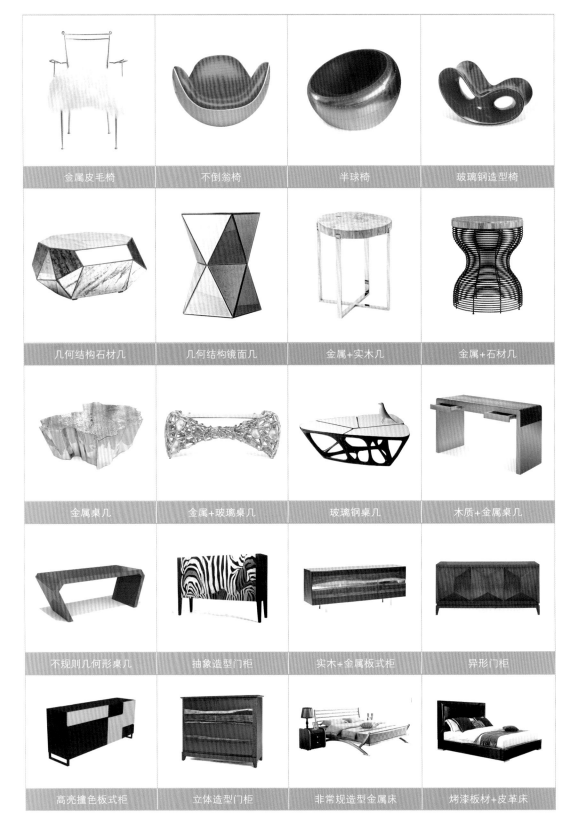

金属皮毛椅	不倒翁椅	半球椅	玻璃钢造型椅
几何结构石材几	几何结构镜面几	金属+实木几	金属+石材几
金属桌几	金属+玻璃桌几	玻璃钢桌几	木质+金属桌几
不规则几何形桌几	抽象造型门柜	实木+金属板式柜	异形门柜
高亮撞色板式柜	立体造型门柜	非常规造型金属床	烤漆板材+皮革床

4 简约风格家具

简约主义源于 20 世纪初期西方现代派的极简主义，90 年代初期开始逐渐融入到室内设计中。简约风格的核心是欧洲建筑大师 Mies Vander Rohe 所提出的 "Less is more" 即 "少即是多"。简约并不等于简单，它是经过精心设计后的精简，其特色是将设计的元素、色彩、照明、原材料简化到最少的程度。因为造型被精简，为了体现出设计的精致度，所以简约风格的家具对色彩、材料的质感要求很高，整体追求以少胜多、以简胜繁的效果。

简约风格家具介绍

1 简约风格家具造型简洁、单纯、明快，通常线条都比较简练。

2 沙发、床、桌子等多采用直线，低矮、棱角分明，没有过多的曲线造型。

3 强调家具的功能性，多功能的、实用性高的家具比较受青睐，例如折叠家具、带收纳功能的家具等。

4 家具色彩以黑、白、灰等无色系为代表，除此之外，明亮色彩的家具也非常常用。

5 材料组合同样追求简约，同一件家具通常不会使用超过 3 种材料。除了传统的木料、布艺、皮革等材料外，也经常使用玻璃、金属等现代材料。

简约风格典型家具速览

| 直线条素色布艺沙发 | 直线条亮色布艺沙发 | 直线条拼色布艺沙发 | 直线条素色皮质沙发 |

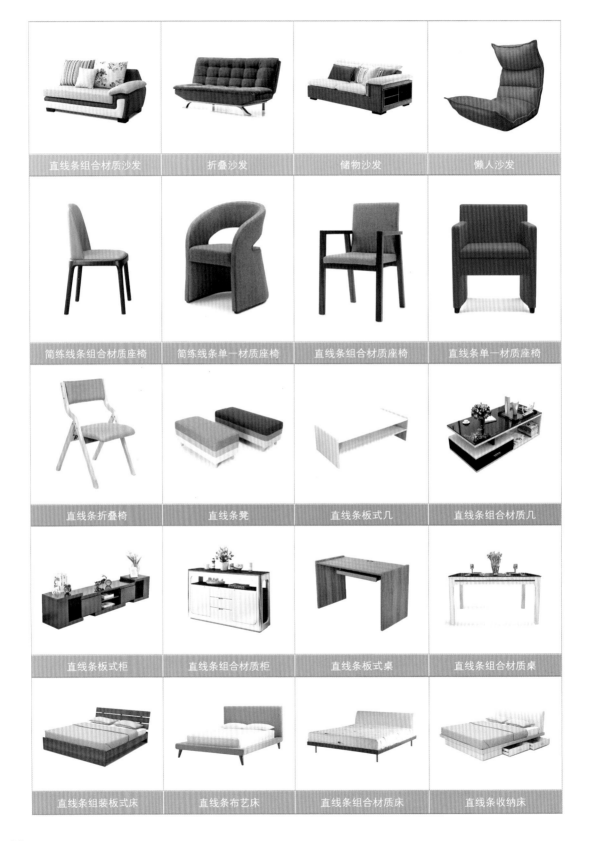

直线条组合材质沙发	折叠沙发	储物沙发	懒人沙发
简练线条组合材质座椅	简练线条单一材质座椅	直线条组合材质座椅	直线条单一材质座椅
直线条折叠椅	直线条凳	直线条板式几	直线条组合材质几
直线条板式柜	直线条组合材质柜	直线条板式桌	直线条组合材质桌
直线条组装板式床	直线条布艺床	直线条组合材质床	直线条收纳床

5 北欧风格家具

因为地域的文化不同，现代北欧风格总的来说可以分为三个流派，分别是：瑞典设计、丹麦设计、芬兰现代设计，这三个流派统称为北欧风格设计。北欧风格的家居中，家具是绝对的主体，硬装上基本不使用任何的造型和纹理，仅用色彩来区分界面。而家具的设计则借鉴了包豪斯设计风格，并融入斯堪的纳维亚地区的特色，形成了融合了自然感和极简特征为主的独特风格。

1 注重线条感和色彩的配合，造型极致简约，没有任何的人文图文雕花设计。

2 家具的高度通常都比较低矮，以板式家具为主，造型并不限于直线，简练的大跨度圆弧也经常被使用。

3 木材是北欧风格家具的灵魂，桦木、枫木、橡木、松木等浅色系的木质被大量地使用，且很少精致加工，尽量保留原本的质感。

4 与木材组合的最常见材料是各种布料，其中棉麻质感的比较常见，玻璃和金属基本不作为主材而多作为配件使用，且多为亚光质感。

5 家具色彩选择上喜好纯色，灰色和白色是运用较多的，带有纯净感的彩色也非常常见。

北欧风格典型家具速览

| 无色系布艺低矮沙发 | 彩色布艺低矮沙发 | 拼色布艺低矮沙发 | 无色系皮质低矮沙发 |

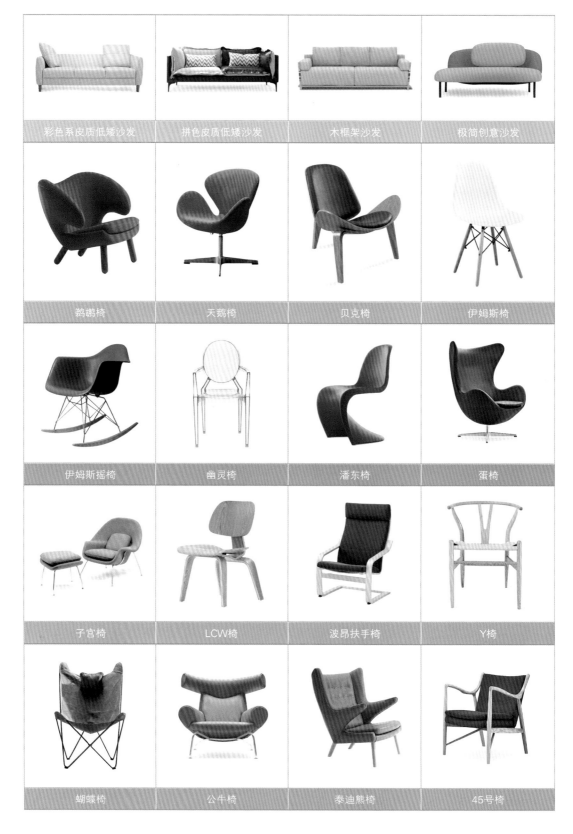

彩色系皮质低矮沙发	拼色皮质低矮沙发	木框架沙发	极简创意沙发
鹈鹕椅	天鹅椅	贝克椅	伊姆斯椅
伊姆斯摇椅	幽灵椅	潘东椅	蛋椅
子宫椅	LCW椅	波昂扶手椅	Y椅
蝴蝶椅	公牛椅	泰迪熊椅	45号椅

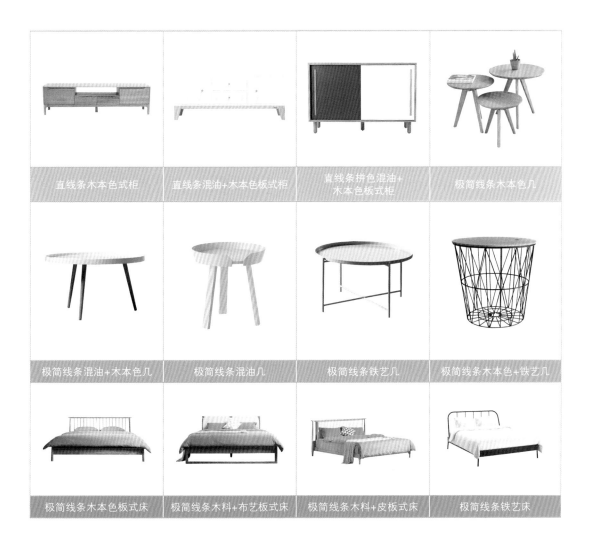

直线条木本色式柜	直线条混油+木本色板式柜	直线条拼色混油+木本色板式柜	极简线条木本色几
极简线条混油+木本色几	极简线条混油几	极简线条铁艺几	极简线条木本色+铁艺几
极简线条木本色板式床	极简线条木料+布艺板式床	极简线条木料+皮板式床	极简线条铁艺床

6 法式风格家具

  法式风格指的是法兰西国家的家居风格，其中包括有新古典、哥特式、洛可可、巴洛克四种。

  法式家居的装饰需要建筑本身的硬装与软装的完美配合，常用洗白处理配以华丽色彩。洗白手法传达法式乡村特有的内敛特质与风情，硬装配色常以白、金为主调，偶尔使用深一些的木色造型；软装配色则多以金、紫、蓝、红等为主，夹杂在低调的硬装主色上，形成温和的跳动，渲染出一种柔和的高雅气质。

  家具造型多厚重但细节精致，结构框架以实木为主，例如圆形的鼓形边桌、大肚斗柜，搭配抢眼的古典细节镶饰，呈现皇室贵族般的品位。

法式风格家具介绍

1 哥特式、洛可可和巴洛克家具可统称为宫廷风，它们带有浓郁的宫廷色彩，强调手工雕刻及优雅复古的格调。弧线是最常用的造型元素，出现在家具靠背、扶手和腿部。

2 宫廷风家具常以桃花心木为主材，完全手工雕刻，表面多处理成浅色漆或浅木色洗白处理，保留典雅的造型及细腻的线条。

3 宫廷风沙发及座椅的坐垫及椅背部分，常用华丽的锦缎或低调华美的天鹅绒织成，来增加坐卧的舒适感。

4 宫廷风家具边框部分有大量起到装饰作用的镶嵌、镀金和亮面漆。

5 法式新古典风格的家具简化了线条和装饰，选材范围扩大，除桃花心木外，胡桃木、椴木、乌木等也常使用，装饰上常以雕刻、镀金、嵌木、镶嵌陶瓷及金属等方式为主。

法式典型家具速览

白漆雕花描金/银弯脚沙发	彩色漆描金/银弯脚沙发	黑漆雕花描金/银弯脚沙发	金/银漆雕花弯脚沙发
清漆雕花描金/银弯脚沙发	洗白处理雕花弯脚沙发	洗白处理雕花藤木弯脚沙发	洗白处理雕花沙发

白漆雕花描金/银座椅	彩色漆雕花描金/银座椅	金/银漆雕花座椅	洗白处理雕花座椅
清漆雕花座椅	彩漆雕花座椅	无顶高背椅	有顶高背椅
实木彩漆雕花描金/银桌几	实木洗白处理雕花桌几	实木清漆雕花桌几	实木雕花+石材桌几
彩漆雕花描金/银柜	彩漆雕花手绘柜	洗白处理雕花柜	清漆雕花描金/银柜
彩漆雕花描金/银床	洗白处理雕花床	金漆软包床	雕花铁艺床

7 美式风格家具

　　美式风格家具指的是美国地区所使用的家具风格。提起美式风格，多数人会想到的是美国乡村风格，实际上，随着人们对简洁的不断追求，美式还发展出了现代美式风格。

　　两种美式风格的家具特点是不同的，乡村风格的家具更质朴、厚重，具有自然、怀旧的感觉，体现的是对自由的追求；而现代美式风格的家具融合了简约美，仍以舒适的宽度为向导，但整体更简洁，配色更丰富。

乡村风格家具介绍

1 带着浓浓的乡村气息，通常简洁爽朗，线条简单、体积粗犷，强调舒适度，质地厚重，坐垫也加大，气派而实用。

2 家具框架或主体部分以可就地取材的胡桃木、枫木、桃花心木、白蜡木为主，仍保有木材原始的纹理和质感，少雕饰。

3 沙发坐垫及背靠部分的面料多为布料或皮料，布料包括印花布、手工纺织的尼料、麻织物等厚织物，以随意涂鸦的花卉图案为特色。

4 多数木质家具上刻意做仿旧处理，添上仿古的瘢痕和虫蛀的痕迹，创造出一种古朴的质感，展现乡村风格的原始粗犷。

5 家具色彩以具有亲切感的大地色系、绿色系和比邻配色最为常见，例如深棕色、褐色、蜂蜜色、绿色以及红蓝组合等。

乡村风格典型家具速览

宽大做旧皮拉扣沙发

宽大做旧平面皮沙发

做旧木框架素色布艺沙发

做旧木框架花色布艺沙发

做旧木框架皮素色布沙发	做旧木框架皮印花布沙发	宽大全布艺拉扣沙发	做旧皮+印花布老虎椅
做旧皮料拉扣老虎椅	做旧实木温莎椅	做旧木+做旧皮椅	做旧实木+布艺椅
做旧实木+做旧铁艺椅	做旧实木+皮布椅	做旧实木桌几	做旧实木彩绘桌几
做旧实木+做旧铁艺桌几	做旧实木柜	做旧实木拼色柜	做旧实木彩绘柜
做旧实木床	做旧实木+布艺床	做旧实木+皮革床	黑漆铁艺床

现代美式家具介绍

1　现代美式风格家具仍然宽大，但并不厚重，以流畅的线条保留了传统美式的古典之美，既不显繁琐，又不失韵味。

2　家具的款式更简约，但保留了美式乡村风格对舒适性的追求，不再仅适合大户型，小户型也适用。

3　沙发减少了实木的使用比例，仅用在扶手或腿部。坐垫及背靠部分材料多使用各种纯色的厚实布艺。

4　沙发等带有布艺的家具，增加了具有厚实感的布艺的使用比例，有时也会组合具有做旧感的皮料做变化。

5　印花布艺家具的图案有所简化，不使用或很少使用田园元素，而是采用简洁的现代线条，例如几何图案或折线。

6　家具色彩更丰富，不再仅限于大地色、绿色或比邻配色，无色系等也常使用。

现代美式典型家具速览

厚实布艺铆钉沙发	厚实布艺沙发	全厚实布艺沙发	拼色厚实布艺沙发
图案厚实布艺沙发	铆钉装饰皮布沙发	直线木框架皮沙发	亮色系皮铆钉沙发

纯色厚实布艺老虎椅	几何图案厚实布艺老虎椅	线条图案厚实布艺老虎椅	做旧实木厚实布艺座椅
木腿厚实布艺拉扣椅	木腿厚实布艺椅	丝绒车线复古布艺椅	实木纹理厚实布艺椅
直线条实木复古桌几	直线条实木拼铁艺桌几	大地色轻薄实木桌几	雕花金属桌几
混油漆简约美式实木柜	多质感组合简约实木柜	混油漆+实木简约柜	做旧实木+金属漆柜
简约美式铆钉布艺床	简约美式布艺拉扣床	简约美式皮料拉扣床	多质感组合直线实木床

8 欧式风格家具

　　欧式风格家具以意大利、西班牙等欧洲国家风格的家具为主要代表，包括古典风格、新古典风格和简欧风格。欧式古典风格家具强调造型上的精美和装饰上的奢华感，整体端庄典雅，雕花和腿部等构件都比法式家具更厚重一些；新古典风格的家具比欧式古典风格有所简化，去掉了部分过于复杂的线条，保留了欧式风格的深邃；简欧风格是在现代风格的基础上对欧式古典家具进行简化，追求简洁大方之美，兼容性非常强。

欧式古典家具介绍

1 欧式古典家具讲究手工精细的裁切雕刻，延续了 17 世纪至 19 世纪皇室贵族家具的特点，雕刻复杂，对每个细节都精益求精。

2 多为手工制作，轮廓和转折部分由对称而富有节奏感的曲线或曲面构成，并组合雕刻设计，有浮雕、圆雕、透雕、平刻等形式。

3 与法式风格类似的是，家具表面多会装饰镀金、镀银、铜饰，有的还会装饰仿皮等，具有华贵优雅的装饰效果。

4 用材种类繁多，但主体部分为实木，常用的有柚木、榉木、橡木、胡桃木、桃花心木等。沙发等软体家具会在实木的基础上搭配一些皮料或质感华丽的布料，如丝绒。

5 框架色彩有三类，一类为金色，一类为米黄或白色，一类为棕色。

欧式古典典型家具速览

实木雕花描金/银皮沙发

实木雕花描金/银布沙发

实木雕花镀金/银皮沙发

实木雕花镀金/银布沙发

棕色实木雕花皮沙发	棕色实木雕花布沙发	古典花纹布艺沙发	古典纹理全布艺沙发
白漆实木雕花描金/银椅	实木雕花镀金/银椅	棕色实木雕花椅	实木镀金/银桌几
实木镀金/银+石材桌几	实木雕花描金/银桌几	棕色实木雕花桌几	实木拼花镶铜饰柜
实木雕花+石材柜	实木弧线顶柜	实木雕花描金/银柜	弧线造型实木镶铜饰柜
实木雕花描金/银床	实木雕花镀金/银床	实木镀金+古典花纹布床	棕色实木雕花床

新古典家具介绍

1 新古典主义产生于 18 世纪 50 年代，家具设计师打破了古典框架，用现代手法还原古典气质，兼具古典与现代的双重审美。

2 用简化的手法、现代的材料和加工技术去追求传统式样的大致轮廓特点。

3 具有古典家具的曲线和曲面，但减少了了古典家具上的雕花，加入了现代家具的简约元素。

4 家具框架或主体部分仍以各种实木为主，但色彩的组合上更丰富，仍带有一些描金、银的装饰，但并非大面积设计，仅做点缀使用。

5 软体家具的坐垫及靠背部分多使用皮料或布料，后者多为华丽色彩的反光面料。

6 白色、棕色、黑色是家具的框架主色或全部主色，除此之外，还加入了绛红、深紫、深绿等，使整体看起来明亮、大方。

新古典典型家具速览

实木简洁雕花描金/银拉扣皮沙发	实木简洁雕花描金/银布艺沙发	实木曲线靠背腿部雕花描金/银沙发	实木镀金/银雕花构件装饰拉扣沙发
实木少量雕花描金/银沙发	实木简洁雕花镀金/银拉扣沙发	简洁曲线造型浓色丝绒拉扣沙发	简洁曲线造型+少雕花浓色丝绒沙发

实木简洁雕花描金/银布艺拉扣椅	实木简洁雕花描金/银拉扣皮椅	实木简洁雕花描金/银布艺椅	实木+布艺/皮简洁雕花描金/银椅
实木简洁雕花描金/银拼色皮椅	实木简洁雕花布艺/皮拉扣椅	实木简洁雕花曲线造型椅	实木镀金/银简洁雕花椅
实木简洁雕花整体描金/银桌几	实木简洁雕花腿部镀金/银桌几	大理石面+实木简洁雕花描金/银桌几	实木台面+实木雕花镀金/银主体桌几
实木简洁雕花整体描金/银柜	实木+雕花镀金/银腿柜	实木镀金银+彩绘柜	实木镀金/银雕花+彩绘柜

实木简洁雕花描金/银拉扣软包床	实木简洁雕花描金/银软包床	实木简洁雕花镀金/银拉扣软包床	实木简洁雕花镀金/银软包床
实木简洁雕花拉扣软包床	实木简洁雕花软包床	全实木简洁雕花描金/银床	实木简洁雕花高背床

简欧风格家具介绍

1 简欧风格家具即简化了的欧式风格家具，彰显出欧式底蕴的同时，融合现代风格，对家具线条进行简化，不再追求表面的奢华和美感，更多解决人们生活的实际问题，不再仅适用于大户型家居。

2 实木家具上的雕花和描金／银、镀金／银的设计被大量减少，仅在关键部位使用一两处作为装点。

3 造型设计上延续了欧式家具的经典曲面设计，但线条更纤细，弧度更大气，同时加入了大量的直线，以表现简洁感。

4 家具整体更强调舒适性和立体感，表面通常有一些凹凸起伏的设计，以表现空间变化的连续性和层次感。

5 主材选择更多，除实木外还加入了金属。软体家具的坐垫及靠背部分延续了欧式家具特点，以皮和布料为主，但拉扣设计有所减少。

6 家具主体部分的色彩更多地使用白色、浅色或黑色，实木框架部分也会使用一些深暗的棕色，但厚重的大地色使用率大大地减少，整体配色追求一种简约的效果，而非传统的华丽感。

简欧风格典型家具速览

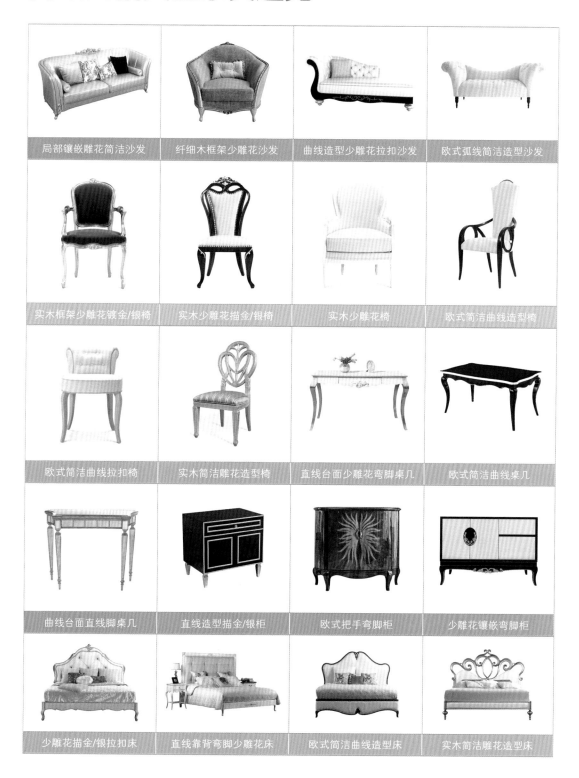

局部镶嵌雕花简洁沙发	纤细木框架少雕花沙发	曲线造型少雕花拉扣沙发	欧式弧线简洁造型沙发
实木框架少雕花镀金/银椅	实木少雕花描金/银椅	实木少雕花椅	欧式简洁曲线造型椅
欧式简洁曲线拉扣椅	实木简洁雕花造型椅	直线台面少雕花弯脚桌几	欧式简洁曲线桌几
曲线台面直线脚桌几	直线造型描金/银柜	欧式把手弯脚柜	少雕花镶嵌弯脚柜
少雕花描金/银拉扣床	直线靠背弯脚少雕花床	欧式简洁曲线造型床	实木简洁雕花造型床

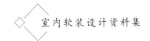

9 地中海风格家具

地中海风格家具的前身是西欧家具，在 **9~11** 世纪时重新兴起，形成了独特的地中海式风格。物产丰饶、长海岸线、建筑风格的多样化、日照强烈、独特的风土人文，这些因素决定了地中海风格家具极具亲切的田园风情，造型朴拙。与地区建筑所呼应的是，它一般选择直逼自然的柔和色彩，在组合设计上注意空间搭配，充分利用每一寸空间，流露出古老的文明气息。

地中海家具介绍

1 地中海风格的家具线条简单，造型圆润，与建筑中独特的拱形类似的是，家具通常都带有一些弧度设计。

2 所使用的材料多为自然材质，例如原木、藤等，或裸露材质本色，或涂刷彩色油漆。

3 木质家具常会做一些擦漆做旧处理，搭配贝壳、鹅卵石等其他软装饰，以表现自然清新的生活氛围。

4 布艺家具一般以天然的棉麻织物为首选，且多带有格子、条纹或小碎花图案，以表现自然韵味。

5 色彩设计整体可分为三类：源自于希腊沿海的蓝、白组合，源自于北非沿海的大地色系，源自南法沿岸的蓝紫色系。

地中海典型家具速览

| 实木+格子布艺沙发 | 实木+条纹布艺沙发 | 实木+碎花布艺沙发 | 实木+纯色布艺沙发 |

纯色+图案组合布艺沙发 | 格子/条纹/碎花全布艺沙发 | 纯色单色/拼色全布艺沙发 | 拱形弧线造型沙发

原木+混油实木椅 | 擦漆做旧实木餐椅 | 混油漆+彩绘实木椅 | 典型地中海纹理布艺椅

原木擦漆+混油实木桌几 | 混油擦漆实木桌几 | 混油漆+彩绘实木桌几 | 擦漆做旧实木桌几

原木擦漆+混油实木柜 | 混油印花实木柜 | 混油漆+彩绘实木柜 | 擦漆做旧实木柜

原木擦漆+混油实木拱形床 | 混油擦漆做旧实木拱形床 | 混油擦漆+彩绘实木拱形床 | 原木擦漆拱形实木床

10 东南亚风格家具

东南亚风格的家具具有来自热带雨林的自然之美和浓郁的民族特色，选材上讲求原汁原味，制作上注重手工工艺带来的独特感，属于一种混搭的风格，不仅仅和印度、泰国、印尼等国家相关，还包含东方风格的韵味。因位于热带雨林地区，所以家具设计上采用简单、整洁的设计，用外观上的简练感来为居室增添清凉、舒适的感觉。虽然外观宽大且简单，但却具有牢固的结构，讲求品质的卓越。

东南亚家具介绍

1 取材自然是东南亚家具的最大特点，常见的有藤条、竹子、草、实木等，甚至还使用椰壳、贝壳、砂岩等，充满了原始之风。

2 其中的藤编家具是非常具有代表性的，多为手工制作，色泽沉稳、内敛，结构简单但大气，给人朴拙之感。

3 大部分东南亚家具都采用两种以上不同材料混合编制而成，例如藤与木、藤与竹、木与草、木与不锈钢等。

4 实木家具中，柚木最具代表性，大多体型庞大、舒适，带有具有民族特点的雕刻。

5 色泽以原藤、原木的色调为主，因此多为褐色等深色系。在视觉感受方面有质朴和天然感，后期多搭配华丽的丝质布艺做点缀。

东南亚典型家具速览

| 民族元素雕花实木布艺沙发 | 民族元素雕花实木沙发 | 编织藤条+布艺沙发 | 实木框架+布艺沙发 |

实木+编织藤条沙发	竹+藤编织组合沙发	宽大实木椅	民族元素雕花实木椅
民族元素雕花实木布艺椅	实木+编织藤椅	民族元素雕花竹木椅	编织藤竹椅
立体雕刻实木桌几	实木+编织藤桌几	实木桌几	雕刻+彩绘实木桌几
民族元素雕花+镀金实木柜	实木+编织藤柜	民族元素雕花+彩绘实木柜	民族元素雕花实木柜
民族元素雕花实木床	实木立柱床	民族元素雕花实木榻	直线造型实木床

11 田园风格家具

　　田园风格的家具朴实、亲切，贴近自然，推崇"自然美学"，力求表现悠闲、舒畅、自然的田园生活情趣，而粗糙和破损是被允许的。

　　田园风格家具是田园风格家居中的重中之重，它大致可分为美式、欧式、韩式及中式乡村等几种类型，这里重点讲解的是英式田园和韩式田园。总体来说，田园家具重要的并非造型，而是意境。意境的营造主要靠经典的图案，如条纹、碎花以及纯净的原木等。

**田园风格
家具介绍**

1 田园风格的家具一个主要特点就是取材自然，最常用的主材就是各种实木；布艺家具的主材所使用的均是天然的棉麻材料。

2 多选择实木为框架或主体，有两种做法：一是保留木本色清漆，二是涂刷白色、奶白色或象牙色漆。

3 造型上会搭配一些简单的雕刻或曲线，有些家具上会使用彩色手绘的田园元素图案。

4 布艺家具上，能够彰显自然风情的碎花和小方格是田园风格常见的主角，除此之外，其他与自然有关的图案也会使用。

5 色彩组合以白色系为主，组合绿色、粉色、红色、黄色等塑造清新、粉嫩的感觉；或组合大地色，塑造亲切、朴实的感觉。

田园风格典型家具速览

实木框架碎花布艺沙发

实木框架格子布艺沙发

实木框架纯色+印花布艺沙发

实木框架条纹图案布艺组合沙发

图案布艺木腿沙发	纯色+图案布艺木腿沙发	图案全布艺沙发	实木沙发
原木色清漆实木椅	白色混油实木椅	混油漆+原木色实木椅	田园图案布艺椅
白色混油+原木色实木桌几	白色混油实木桌几	田园元素彩绘桌几	编织桌几
白色混油+原木色实木柜	白色混油实木柜	田园元素彩绘柜	编织柜
白色混油实木+布艺床	白色混油实木床	田园元素彩绘床	白色混油实木软包床

不同材质家具的**特点**

不同国家、地域的气候条件是有区别的，而具有当地特色的家具通常是就地取材制作的，这就决定了家具材质的多样化，相应的，不同材质的家具带来的装饰效果、对应的风格和保养方式也是有区别的。了解不同材质家具的这些特点，有利于更恰当地装饰居室并延长其使用寿命。

家具材质的特点及保养

名称	介绍	保养建议	图片
板式家具	◎以人造板为主要基材，木皮为面材，五金件为连接的组合式家具 ◎常用的原料有：禾香板、胶合板、细木工板、刨花板、中纤板等 ◎原料中胶含量高，易有污染 ◎可拆卸，造型富于变化，外观时尚 ◎不易变形，质量稳定，价格实惠	◎定期检查五金连接件，发现松动应及时加固 ◎可用毛巾蘸少量水或适量清洁剂进行清洁，定期用家具护理蜡进行护理 ◎表面蒙上薄布，用熨斗熨贴即可使翘起部位回复原貌	
实木家具	◎常用原料有：橡木、榉木、柚木、水曲柳、榆木、杨木、松木、柞木、黄花梨、檀木等 ◎原料天然、环保，无污染 ◎具有天然的香味，能够净化空气 ◎强度较高，易于加工，寿命长 ◎具有比较好的弹性、韧性、耐冲击力和吸音性 ◎具有天然的纹理和光泽，淳朴典雅 ◎触感温润舒适，冬暖夏凉 ◎珍稀品种的实木家具，具有收藏价值和升值空间，可传代使用	◎过于干燥或潮湿的地区均不适合使用 ◎应避免阳光直射及过冷过热，可用白色窗帘遮光 ◎理想环境的适宜温度为18~24℃，相对湿度为35%~40% ◎避免将高温的物品直接放在家具上 ◎使用干净的软棉布浸湿后除尘，而后用干棉布再擦拭一遍	

名称	介绍	保养建议	图片
板木结合家具	◎框架使用实木，侧板、底、顶、搁板等部位使用高温一次合成板材组合制成的家具 ◎市面上销售的"实木"家具的主流 ◎框架部分有很好的承重力，并且不易破损 ◎集实木和板式家具优点为一身 ◎不易变形，不怕干裂 ◎性价比高，比板式家具寿命长	◎避免阳光直射，容易导致实木框架变形、开裂 ◎及时清理灰尘，细小缝隙中的积灰不仅影响美观，还会让家具迅速"变老" ◎实木部分应定期涂抹专用护理油，来锁住内部水分 ◎避免划伤和磕碰，以免出现硬伤及挂丝现象	
布艺家具	◎属于软体家具，框架为实木、板材或金属，中间为聚氨酯泡沫、羽绒、人造棉等弹性材料，表面为布料 ◎触感舒适，花色丰富，款式和造型多种多样 ◎常用的布艺家具材料种类包括：天然棉麻、锦纶、涤纶、丝绸、灯芯绒、丝绒、麂皮绒等 ◎透气性良好，防敏感，容易清洗	◎建议每周吸尘或清洗一次，各个部位都应兼顾到位，尤其是缝隙处 ◎吸尘时避免使用吸刷，否则容易破坏布料的纤维 ◎布套适合干洗，避免水洗和漂白 ◎一年用清洁剂清洁沙发一次，之后需清洗干净	
皮革家具	◎同属软体家具，结构与布艺家具相同，表面材料将布料换成皮革 ◎材料可分为天然皮和人造皮两种 ◎具有良好的耐热、耐湿、透气性 ◎伸缩均匀，不易褪色 ◎具有舒服的手感和华丽的外表	◎避免放在温度过高或过低的位置，容易使皮料开裂 ◎不要用湿毛巾或湿擦拭，不能用碱性清洁液 ◎每年一次或两次用潮湿的海绵对皮革进行彻底的清理	
金属家具	◎金属家具的常用材料包括：铁、不锈钢、碳素钢、钢等 ◎绿色环保 ◎极具个性，结构多样，有的可折叠，性价比高 ◎绿色环保，可重复利用 ◎防火、防潮、防磁	◎减少与水的接触，建议经常用干棉丝或细布擦拭 ◎折叠家具折叠时不要用力过猛，避免折叠部分受损 ◎宜避免放在潮湿处，否则容易生锈，甚至会导致镀层脱落	
藤竹家具	◎以藤、竹为原料，组合或单独使用，通过编织、雕刻等工艺制成 ◎天然环保，无毒害 ◎精巧、轻便、坚实、耐用 ◎冬暖夏凉，吸湿、吸热 ◎返璞归真，具有质朴、自然的装饰效果	◎建议摆放在通风和干燥的地方，定期擦洗 ◎表面涂刷清漆或熟桐油，可以防蛀并延长使用寿命 ◎若发现虫蛀，可用微量杀虫液或辣椒、花椒捣成末滴入或塞入虫蛀孔中	

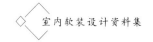

家具工艺
与适用
风 格

　　不同工艺做法的家具装饰效果感觉是不同的，雕花、鎏金、做旧、拼花、漆艺等手法，有的华丽有的古朴，做法和造型决定了家具的整体风格走向，它们是区分家具风格的关键因素。掌握了每种家具工艺的特点，不仅有利于为选择的风格寻找适合的款式，也有利于找寻一个共同点，让不同风格的混搭更协调、舒适。

家具工艺的特点及适用风格

名称	介绍	适用风格	图片
拼花工艺	◎16~17世纪，西方贵族追求享乐，为室内艺术提供了前所未有的发展机遇。艺术家发展出了众多种工艺，其中"拼花镶嵌"是流传最广泛的一种 ◎以小块碎料为组成单位，组成各种几何纹样 ◎用在桌面、几面、柜面、椅座等位置 ◎节约木材用量，经济且美观	◎北欧风格 ◎新中式风格 ◎美式乡村风格 ◎东南亚风格	
鎏金工艺	◎在实木家具上，用金箔、银箔等覆盖在带有雕花的表面上，或用金线、银线等随着雕花的起伏描边的做法 ◎是中国传统工艺，源于东晋，成熟于南朝，自18世纪开始席卷英国，英式、法式家具开始大量使用鎏金做装饰 ◎古典家具中具有代表性的有"凡尔赛玫瑰"和"英吉利经典"等 ◎现代家具很少大量地使用鎏金工艺，多用做局部装饰，对整件家具起到画龙点睛的作用 ◎具有低调奢华的装饰效果	◎法式风格 ◎欧式风格 ◎东南亚风格	

名称	介绍	适用风格	图片
做旧工艺	◎做旧不是造假和单纯的仿制,而是表达一种向往、回归自然的情怀 ◎主要使用对象为实木家具 ◎其基材处理和涂装方式上与普通家具有很大的区别 ◎做旧家具具有沧桑感,能够表现品位 ◎虽然表面看起来陈旧,但价格却比较高昂	◎中式风格 ◎欧式风格 ◎美式乡村风格 ◎地中海风格	
彩绘工艺	◎使用彩色原料在家具表面绘制图案的工艺做法 ◎起源于14世纪的法国,后由意大利人将其发扬光大 ◎在明清时期因西式文化的传播,中式家具开始比较多地使用彩绘工艺,清式家具也成了中式彩绘家具的典型代表 ◎现代家具上的彩绘工艺与古典家具区别较大,图案更丰富,或采用大面积彩绘,有的还会搭配雕刻和鎏金工艺 ◎彩绘家具具有非凡的艺术感,是美学与实用性的完美结合	◎中式风格 ◎新中式风格 ◎法式风格 ◎欧式风格 ◎美式乡村风格 ◎地中海风格 ◎田园风格 ◎东南亚风格	
雕花工艺	◎雕花工艺根据做法的不同可以分为阴雕、浮雕、圆雕、透雕、透空双面雕和通雕等,是高端家具的工艺之一 ◎阴雕仅在家具表面做凹陷下去的雕刻 ◎浮雕分为深雕和浅雕,与阴雕相同,都作用在表面,但它更立体 ◎圆雕是三维立体雕刻手法,从各个面都能够观赏到雕刻的花纹 ◎透雕是浮雕的进化,将一部分浮雕花纹做镂空处理,具有灵秀之气 ◎将浮雕花纹做双面处理后就是透空双面雕,从两面能看到一样的花纹	◎中式风格 ◎新中式风格 ◎法式风格 ◎欧式风格 ◎美式乡村风格 ◎地中海风格 ◎田园风格 ◎东南亚风格	
油漆工艺	◎油漆工艺是家具制作使用频率最高的一种,看似简单,却蕴含着一代代工匠的不断探索的精华,是诸多文化元素综合的产物 ◎漆艺能够美化木质家具,增加立体感 ◎中国古代时期,漆艺就非常发达,具有悠久的历史 ◎所有风格的家具都会使用油漆工艺,区分它们特点的重要元素就是漆调	◎所有风格	

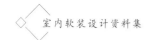

家具色彩与装饰效果

影响家具装饰效果的因素有材质、工艺和色彩等，其中色彩是先导，尤其是在墙面、地面等硬装界面的色彩比较浅淡、配色简单的情况下，家具的色彩会对整个空间的装饰效果起到主导作用。同时，不同的色彩的家具还会对空间高度、面积等产生一定的影响。

1 家具色彩的选择方法

随着科技和时代的不断进步，家具的色彩变化也越来越多。古典家具因为工艺和材料的限制，多使用各种原木色，现代家具的色彩则更加丰富，即使是同一种风格，也有许多种代表色。而家具通常都是成组使用的，为了寻求个性和变化，通常会选择几种色彩的家具进行组合，在此过程中，掌握一些方法能够让整体效果更协调、融洽。

确定一个主色

当一个空间中家具数量较多时，若配色随意，很容易混乱，如果全部使用同系列产品没有色彩的变化又会容易显得沉闷。将一个色系作为主色，大件的家具色彩从此色系中提取，而小件家具做一些变化会更加灵动。主色可以根据家居风格和个人喜好来确定，例如定位美式风格同时还喜欢清新的感觉，则可以选择淡蓝色做主色。

对比色可适当使用

对比色包括两大类，即色相对比和色调对比，简单地说，红绿、红蓝组合起来形成的就是色相对比；明度或纯度差异大的色彩组合就是色调对比，例如淡红和深红、黑和白等。

当硬装部分的墙面色彩比较深或者过于素净时，选择一或两件小件家具与大件组成对比色，能够迅速地活跃整体氛围。

用白色做调和

白色是最纯净的色彩，可以让所有的色彩都沉淀下来，所以它是最百搭的色彩。

当大量地使用白色时，它会显得有些单调，但当硬装部分的色彩或主体家具色彩比较突出的时候，加入一些白色家具，不仅可以提高居室亮度让空间显得开阔，还能弱化其他色彩的突出感，让空间整体配色看起来更舒适。

根据心理需求选择色彩

不同的颜色，能够对人的心理产生不同的影响。例如蓝、青等冷色，使人感觉冷静、深沉；黄、红、橙等暖色，使人感觉活泼、热情等。家具色彩的确定，除了考虑家居风格、个人喜好等因素外，还可将心理因素加入进来，例如，脾气暴躁的人可以使用一些冷色系家具使自己平静；容易孤独的人可使用米色系，增加温馨。

2 家具色彩对空间的作用

将同色调的冷色和暖色或者同色相的低明度和高明度色彩摆放在一起时，可以发现有些色彩具有收缩和后退的感觉，与之相反的，有些色彩具有膨胀和前进的感觉。根据它们的这些特点，可以将色彩分为前进色和后退色，膨胀色和收缩色，重色和轻色。而使用了这些色彩的家具，对空间也有着不同的影响。

前进色和后退色

将多种颜色放在一起时可以发现，高纯度或低明度的暖色有前进的感觉，视为前进色。此类色彩的家具适合用在让人感觉空旷的房间中，能避免寂寥感。

低纯度或高明度的冷色就具有后退的感觉，视为后退色。此类色彩的家具适合用在让人感觉拥挤、窄小的房间中，能够让空间比例更舒适。

膨胀色和收缩色

能够使家具的体积或面积看起来比本身要膨胀的色彩为膨胀色，高纯度或高明度的暖色相都属于膨胀色。在略有空旷感的家居中，使用膨胀色的家具，能够使空间看起来更充实一些。

收缩色与膨胀色的效果相反，低纯度或低明度的冷色相属于此类色彩，更适合小房间。

重色和轻色

　　将同色相的低明度色彩和高明度色彩摆放在一起时，可以发现低明度的有下沉感，高明度的有上升感。感觉重的色彩视为重色，相同色相深色感觉重，相同纯度和明度的情况下，冷色系感觉重。与重色相反的，有上升感的色彩视为轻色。相同色相的情况下，明度越高的色彩让人感觉越轻飘；相同纯度和明度的情况下，暖色系感觉轻。

　　重色的位置就是重心的位置，家具的色彩与色彩的轻重联系起来时，就可以利用家具对空间的重心进行调节，进而影响房间的高度和整体氛围。

　　当家具以重色为主时，地面无论是深色还是浅色，在其影响下都有下沉感，使房间的高度有所拉伸，效果稳定；反之，当地面色彩较重时，使用轻色的家具就可以缩短房间高度上的距离，效果活泼。不建议家具和地面都采用轻色，容易让人感觉过于轻飘，重心不稳，如果一定要如此操作，建议搭配重色的地毯。

不同的空间功能性不同，决定了家具布置方式的差别，例如客厅是会客和活动空间，就需要以沙发为主来布置家具；而餐厅是用餐空间，家具的布置中心就应该是餐桌椅。进行一个空间的家具布置前，宜充分考虑其功能性和服务对象，而后再根据其面积选择适合的布置方式。

1 客厅家具的布置

客厅是家庭活动的主要区域，在面积的分配比例上通常是占据绝对优势的，所需要使用家具的种类较多，包括沙发、几类、柜类等，主要是满足坐卧和储物需求，具体可根据面积选择类型和数量。数量多了以后，布置方式就非常重要，宜结合客厅的大小和形状来设计，同时预留出足够的交通空间，才能让整体看起来舒适、美观。

客厅家具的常见布置形式

名称	介绍	适用户型	图片
一字形	◎将沙发靠墙成一字形摆放的布置方式 ◎具有温馨、紧凑的感觉 ◎通常是使用一张三人或双人沙发，茶几摆放在沙发对面的中间 ◎能够充分地节省客厅的面积，增加客厅的活动范围 ◎电视柜最佳位置是沙发对面 ◎特别适合单身居所或新婚家庭	◎长条形客厅 ◎小面积客厅	

名称	介绍	适用户型	图片
L形	◎最灵活多变的一种布置形式，整体呈现L形，能够充分利用转角处的空间 ◎主沙发使用三人或双人沙发，拐角处使用双人或单人沙发，适合长方形客厅 ◎直接使用L形沙发，适合长方形客厅 ◎主沙发使用三人沙发，拐角使用双人沙发，适合方形客厅 ◎茶几摆放在中间位置，电视柜摆放在主沙发对面	◎方形客厅 ◎长方形客厅 ◎中面积客厅 ◎大面积客厅	
U形	◎能够充分地利用空间内的面积，但占用的空间比较多 ◎组成方式常见为3+2+1、2+1+1、2+1+1+1+1或L形沙发+1，中间部分摆放茶几，单人沙发可由休闲椅来代替 ◎这种布置方式很方便家人之间的交流，适合人口多的家庭 ◎采用此种布置方式时，应尤其注意茶几与沙发之间的距离，需保证人可以顺利通行 ◎电视柜最佳位置是主沙发对面	◎方形客厅 ◎中面积客厅 ◎大面积客厅	
围合型	◎沙发在四个方位均有布置，整体成围合型，将茶几围合在中间 ◎形式上比较灵活多变 ◎组合方式为一张沙发为主体，根据面积选择尺寸，通常是三人沙发，其他方位可选择双人或单人沙发以及休闲椅 ◎摆放时可以随意一些，整体上形成凝聚感即可 ◎通常来说，这种布置方式的客厅不会悬挂电视，而是使用装饰柜，最佳位置为主沙发对面	◎方形客厅 ◎大面积客厅	
相对型	◎将沙发成对面式摆放的布置形式 ◎比较少见，有利于人员之间的交流，适合宾客或聚会较多的家庭 ◎常见的方式是选择完全相同的沙发相对摆放。还可以有很多变化，三人沙发、双人沙发、休闲椅、躺椅、榻等都可以随机组合，茶几摆放在中间位置 ◎电视柜摆放在沙发侧面靠墙位置	◎方形客厅 ◎中面积客厅 ◎大面积客厅	

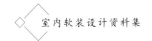

2 餐厅家具的布置

　　常见的餐厅有两种形式，一种是独立的餐厅；另一种是从客厅中用家具或隔断分割出来的相对独立的用餐空间。餐厅内常用的家具包括餐桌椅、餐边柜、吧台、酒柜等。但无论哪种餐厅，不可缺少的家具都是餐桌椅，它们是餐厅家具布置的重点，具体方式取决于餐厅的面积、形状以及家人的生活习惯。

餐厅家具的常见布置形式

名称	介绍	适用户型	图片
平行对称式	◎餐椅以餐桌为中线对称摆放 ◎边柜等家具与餐桌椅平行摆放 ◎这种摆放方式的特点是简洁、干净 ◎餐桌适合选择长方形的款式	◎长方形餐厅 ◎方形餐厅 ◎小面积餐厅 ◎中面积餐厅	
平行非对称式	◎整体上的布置方式与平行对称式相同，区别是一侧的餐椅采用卡座或其他形式，来制造一些变化 ◎边柜等家具适合放在侧墙 ◎效果个性，能够预留出更多的交通空间，彰显宽敞感 ◎餐桌适合选择长方形的款式	◎长方形餐厅 ◎小面积餐厅	
围合式	◎以餐桌为中心，其他家具围绕着餐桌摆放，形成"众星拱月"的布置形式 ◎效果较隆重、华丽 ◎餐桌选择方形、长方形和圆形均可	◎长方形餐厅 ◎方形餐厅 ◎大面积餐厅	

名称	介绍	适用户型	图片
L直角式	◎柜子等家具靠一侧墙成直角摆放 ◎餐桌椅放在中间的位置上，四周留出交通空间 ◎适合面积较大、门窗不多的餐厅 ◎非常具有设计感 ◎餐桌适合选择方形、短长方形或小圆形的款式	◎方形餐厅 ◎长方形餐厅 ◎大面积餐厅	
一字形	◎有两种方式，一种是餐桌长边直接靠墙，餐椅仅摆放在餐桌一侧，适合长方形餐桌 ◎另一种是餐椅摆放在餐桌的两边，餐桌一侧靠墙，适合小方形餐桌 ◎两种方式中，柜子均可与餐桌短边平行 ◎适合面积较小的长条形餐厅	◎方形餐厅 ◎长方形餐厅 ◎小面积餐厅	

3 卧室家具的布置

卧室内家具的布置重点是床，它多与窗平行摆放，且站在门外时，不能直视到床上的布置。其他家具的位置则取决于门和窗的位置，布置完成后，应形成顺畅的动线，具有舒适的氛围。通常情况下，衣柜或收纳柜多布置在床的一侧，梳妆台的摆放则比较灵活。

卧室家具的常见布置形式

名称	介绍	适用户型	图片
围合式	◎布置方式为床与柜子侧面或正面平行 ◎可以根据床的款式调整它的摆放位置，单人床可以放在房间的中间，也可以靠一侧墙壁，双人床适合放在中间 ◎床头两侧根据宽度，可以使用床头柜、小书桌等 ◎电视柜或梳妆台放在床头对面的墙壁	◎长条形卧室 ◎方形卧室 ◎小面积卧室 ◎中面积卧室	

名称	介绍	适用户型	图片
C 字形	◎将单人床靠窗摆放 ◎沿着床头墙面及侧墙布置家具，整体呈现 "C" 字形 ◎这种布置方式能够充分地利用空间，满足单人的生活、学习需要 ◎适合用在青少年、单身人士或兼做书房的房间内	◎长方形卧室 ◎方形卧室 ◎小面积卧室	
工字形	◎床与窗平行摆放 ◎床可以放在中间，也可以偏离一些，根据户型特点安排 ◎床两侧摆放床头柜、学习桌或梳妆台 ◎衣柜或收纳柜摆放在床头对面的墙壁一侧，与床头平行 ◎交通空间为床的两侧及床与衣柜之间	◎长方形卧室 ◎方形卧室 ◎小面积卧室 ◎中面积卧室	
混合式	◎根据需求，可规划出一个步入式的衣帽间 ◎也可利用隔断隔出一个小书房，写字台和床之间用小隔断或书架间隔 ◎门如果开在短墙一侧，书房或衣帽间适合与床侧面平行布置 ◎如果门在长墙一侧，适合与床头平行布置	◎长方形卧室 ◎大面积卧室	

4 书房家具的布置

　　书房是家居中比较严肃的区域，家具的布置宜以工作和学习的便利为前提，尽量简洁、明净。常用的家具有书桌、座椅、书柜、边几、角几、单人沙发等。书桌是必备的家具，它的摆放位置与窗户的位置有直接关系，既要保证光线充足，又要避免直射。大书房可将书桌摆放在中间，小书房则适合靠窗或放在墙壁的拐角处。

书房家具的常见布置形式

名称	介绍	适用户型	图片
一字形	◎此种布局方式是将书桌靠墙摆放，书橱悬空在书桌上方 ◎人面对墙进行工作或学习，布置方式较为简单 ◎节省面积，能够有更多富余空间来安排其他家具	◎长方形书房 ◎方形书房 ◎小面积书房 ◎多功能书房	
L形	◎书桌靠窗或靠墙角放置，书柜从书桌方向延伸到侧墙形成直角 ◎占地面积小，且方便书籍的取阅 ◎中间预留的空间较大，书桌对面的区域可以摆放沙发或休闲椅等其他家具	◎长条形书房 ◎小面积书房	
平行式	◎让书桌、书柜与墙面平行布置 ◎书桌放在书柜前方，如果空间充足，对面可以摆放座椅或沙发 ◎这种方法使书房显得简洁素雅，形成一种宁静的学习气氛	◎长方形书房 ◎方形餐厅 ◎小面积书房 ◎中面积书房	
T形	◎书柜放在侧面墙壁上，布满或者半满 ◎中部摆放书桌，书桌与另一面墙之间保持一定距离，成为通道 ◎这种布置适合藏书较多、开间较窄的书房	◎长方形书房 ◎小面积书房	
U形	◎将书桌摆放在房间的中间 ◎两侧分别布置书柜、书架、斗柜或沙发、座椅等家具，将位于中心的书桌包围起来 ◎使用较方便，但占地面积大	◎长方形书房 ◎方形餐厅 ◎大面积书房	

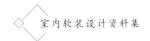

家具运用
案例
解析

案例一

户型解析	三室两厅	家居风格	北欧风格
主要家具材料	布艺、实木	主要家具色调	灰、原木

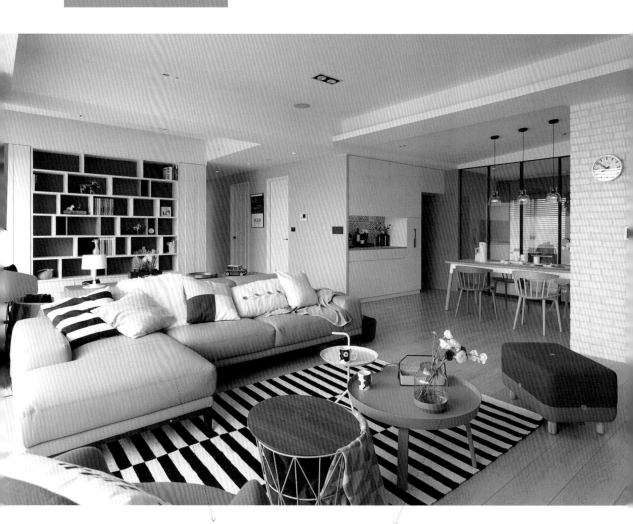

家具类型：L形沙发
家具色彩：灰色系组合
家具材质：布艺＋金属

家具类型：圆形茶几
家具色彩：北欧绿
家具材质：实木
家具工艺：油漆工艺

家具类型：餐桌椅组合　家具类型：收纳柜　家具类型：电视柜

家具色彩：原木色＋红色＋灰色　家具色彩：原木色　家具色彩：原木色＋白色

家具材质：实木　家具材质：实木　家具材质：实木

家具工艺：油漆工艺　家具工艺：油漆工艺　家具工艺：油漆工艺

TIPS

家具运用解析：

公共区为长条形开敞结构，客厅以L形沙发为主组成了U形布局，具有很强的灵动感；餐厅的布局则非常简洁。

家具运用解析:

　　书房和次卧室的面积都比较小，均采用了能够留出充足空白区域的布局方式，满足基本需求的同时彰显宽敞感。

家具类型：书桌、休闲椅组合
家具色彩：原木色＋灰色＋红色
家具材质：实木
家具工艺：油漆工艺

家具类型：单人床
家具色彩：灰色系
家具材质：金属＋板材
家具工艺：油漆工艺

家具类型：双人床

家具色彩：原木色

家具材质：实木

家具工艺：油漆工艺

家具类型：休闲椅

家具色彩：原木色 + 深橙色

家具材质：实木 + 布艺

家具工艺：油漆工艺

TIPS

家具运用解析：

　　主卧室面积不大，采用了围合式布局，以床为中心，其他家具体型均比较小，将床包围，主次分明而又不乏错落的层次感。

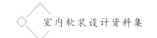

户型解析 别墅	**家居风格** 法式风格
主要家具材料 布艺、实木	**主要家具色调** 红、金、白、深棕

家具类型：三人沙发

家具色彩：金色＋红色

家具材质：布艺＋实木

家具工艺：雕花工艺＋鎏金工艺

家具类型：长方形茶几

家具色彩：金色

家具材质：实木

家具工艺：雕花工艺＋鎏金工艺

家具类型：餐椅

家具色彩：金色＋深棕色

家具材质：实木＋皮革

家具工艺：鎏金工艺＋雕花工艺

家具类型：长方形餐桌

家具色彩：深棕色

家具材质：实木

家具工艺：拼花工艺＋做旧工艺＋油漆工艺

TIPS

家具运用解析：

别墅的客厅非常高大，为了呼应硬装风格选择了法式风格的沙发组。同时，红色具有膨胀感，减弱了高度带来的空旷感。

家具运用解析:

　　起居室面积较小,选择了白色框架的沙发,符合风格特征,也能够彰显宽敞感。家具上精致的雕花和描银设计体现尊贵感。

家具类型:三人沙发

家具色彩:白色 + 米灰色

家具材质:实木

家具工艺:雕花工艺 + 鎏金工艺 + 油漆工艺

家具类型:休闲椅

家具色彩:灰色 + 蓝色

家具材质:实木 + 布艺

家具工艺:雕花工艺 + 鎏金工艺

家具类型：双人床

家具色彩：白色 + 深棕色

家具材质：实木 + 布艺

家具工艺：雕花工艺 + 鎏金工艺 + 油漆工艺

家具类型：床头柜

家具色彩：深棕色 + 金色

家具材质：实木

家具工艺：雕花工艺 + 鎏金工艺 + 油漆工艺

家具运用解析：

　　卧室家具选择了与墙面同色系的款式营造雅致氛围，床体积大，选择了纤巧的造型，床头柜则与其相反，形成层次感。

案例三

户型解析	别墅	家居风格	东南亚风格
主要家具材料	布艺、实木	主要家具色调	白、大地色系

家具类型：三人沙发

家具色彩：大地色系＋白色

家具材质：布艺＋实木

家具工艺：雕花工艺＋油漆工艺

家具类型：圆凳

家具色彩：大地色系

家具材质：实木

家具工艺：雕花工艺＋油漆工艺

家具类型：方形茶几

家具色彩：大地色系

家具材质：藤＋实木

家具工艺：油漆工艺

家具类型：餐边柜

家具色彩：大地色系

家具材质：实木

家具工艺：油漆工艺＋拼花工艺

家具类型：长条形餐桌

家具色彩：大地色系

家具材质：实木

家具工艺：油漆工艺

家具类型：餐椅

家具色彩：大地色系

家具材质：实木＋藤

家具工艺：油漆工艺

TIPS

家具运用解析：

  沙发选择了白色和大地色组合的款式，从色彩和材料上呼应硬装的同时，对比色的组合为深色为主的客厅增添了一些明快感。

TIPS

家具运用解析：

起居室的沙发采用了 U 形布置方式，
分别用双人沙发、榻和两张扶手椅做组合，
为厚重色为主的淳朴空间增加了灵动感。

家具类型：休闲椅　　　　　　　　家具类型：双人沙发

家具色彩：白色＋大地色系　　　　家具色彩：白色＋大地色系

家具材质：实木　　　　　　　　　家具材质：实木＋布艺

家具工艺：油漆工艺　　　　　　　家具工艺：雕花工艺＋油漆工艺

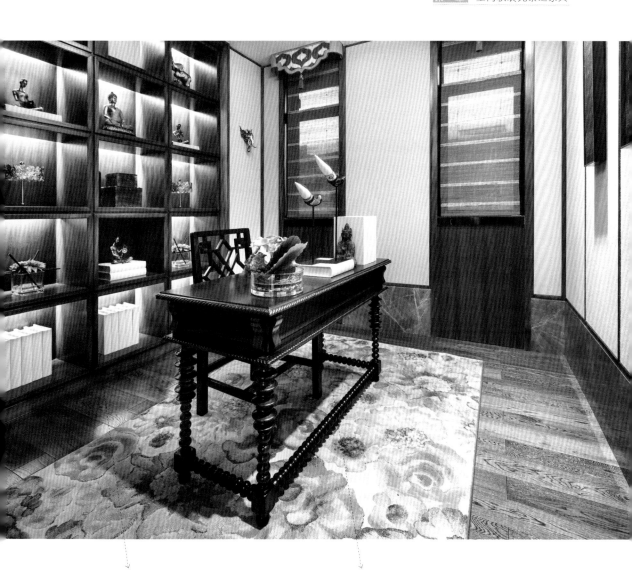

家具类型：书架

家具色彩：大地色系

家具材质：实木

家具工艺：油漆工艺

家具类型：书桌

家具色彩：大地色系

家具材质：实木

家具工艺：雕花工艺＋油漆工艺

TIPS

家具运用解析：

　　书房面积较小，且以大地色家具为主，很容易显得沉闷，因此采取了留空较多的平行式布局，来增加视觉上的宽敞感。

家具类型：榻
家具色彩：白色＋大地色系
家具材质：实木＋布艺
家具工艺：油漆工艺

家具类型：双人床
家具色彩：白色＋大地色系
家具材质：实木＋布艺
家具工艺：油漆工艺

家具类型：床头柜
家具色彩：大地色系
家具材质：实木
家具工艺：雕花工艺＋油漆工艺

TIPS

家具运用解析：

主卧室追求沉稳、厚重的装饰效果，因此家具以大地色系为主，并选择具有典型东南亚风格特点的造型和材料。

TIPS

家具运用解析：

　　女孩房选择了紫色和白色组合的家具，来表现居住者的性别特点，但在造型上与家居整体呼应，体现出了风格特点。

家具类型：床头柜　　　　　　　　　　家具类型：双人床

家具色彩：白色＋紫色　　　　　　　　家具色彩：紫色

家具材质：实木　　　　　　　　　　　家具材质：实木＋布艺

家具工艺：拼花工艺＋油漆工艺　　　　家具工艺：油漆工艺

第二章

室内软装元素
之
灯具

LAMPS

灯具最早的时候只是一种照明器具

随着时代的进步，如今已经发展成了"灯饰"

既是照明器具，又是装饰品

在选择灯具时，不仅要选择光源的类型

同时其造型、材质、结构等元素

也是构成家居空间装饰效果的重要元素

造型各异的灯具，可以令家居环境呈现出不同的容貌

灯具散射出的灯光既可以创造气氛，又可以加强空间感和立

体感，可谓是居室内最具有魅力的情调大师

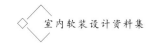

灯具的使用功能分类

　　灯具的使用功能指的是灯具的具体作用，例如台灯、吊灯、落地灯等，它们的使用位置、安装方式和光源都有很大的区别。在家居中，如果想要取得好的灯光效果，通常是将所有类型的灯具搭配使用，了解每一种灯具的特点和包含的类型，有利于更好地进行灯具的设计组合。

灯具的种类及介绍

名称	介绍	常见造型	图片
吊灯	◎适合做主灯，提供整体照明 ◎长链的、华丽的款式适合用在客厅 ◎餐厅适合选择多头、长链、简单一些的款式 ◎如果卧室及书房高度足够，可以用一些简单的款式 ◎单头吊灯罩面离地最佳高度为2.2米，多头吊灯则不能低于2.2米 ◎如果吊灯比较重，建议固定在楼板上，石膏板顶面无法承担其重量	◎烛台吊灯 ◎锥形罩吊灯 ◎尖扁罩吊灯 ◎束腰罩吊灯 ◎五叉圆球吊灯 ◎玉兰罩吊灯	
吸顶灯	◎安装后完全贴在顶面上，最适合做整体照明 ◎适合用在高度较低矮的空间内 ◎安装简易，款式简洁，具有清朗明快的感觉 ◎客厅、餐厅、卧室、阳台、厨房等房间均适用	◎方罩吸顶灯 ◎圆球吸顶灯 ◎尖扁圆吸顶灯 ◎半圆球吸顶灯 ◎半扁圆吸顶灯 ◎小长方罩吸顶灯	

名称	介绍	常见造型	图片
壁灯	◎壁灯属于辅助照明和装饰性灯具 ◎如果空间面积较小，不建议使用壁灯，否则容易显得凌乱 ◎若空间面积足够宽敞，可以在墙面上使用壁灯来增加层次感 ◎客厅、餐厅、过道、卧室等空间均可以使用壁灯 ◎不同空间中的壁灯安装高度略有区别：客厅和过道中的壁灯，离地为2.2～2.6米；卧室床头壁灯离地为1.4～1.7米；书房壁灯距离地面为2.2～2.65米	◎双头玉兰壁灯 ◎双头橄榄壁灯 ◎双头鼓形壁灯 ◎双头花边杯壁灯 ◎玉柱壁灯 ◎镜前壁灯	
落地灯	◎属于辅助照明，它通常摆放在客厅、卧室中，偶尔书房也会用到 ◎摆放位置为沙发、床等坐卧性家具的一侧 ◎一方面满足小区域范围内的照明需求，一方面营造气氛 ◎采光方式为向下投射，适合阅读等精神集中的活动 ◎若是间接照明，则可以调整整体照明的光线变化	◎上照式落地灯 ◎直照式落地灯	
台灯	◎辅助式灯具，是除了主灯外，使用频率最高的一种灯具类型 ◎台灯适用的房间较多，客厅、餐厅、卧室、书房甚至是过道和阳台 ◎装饰性台灯材质与款式变化多样，结构复杂，兼具实用性和装饰性 ◎学习用的台灯更注重实用性，简洁且便于移动，灯杆高度通常可调节	◎装饰性台灯 ◎护眼学习台灯	
射灯、筒灯	◎都属于点光源，作用是营造氛围，增加室内的光照层次，渲染艺术感 ◎筒灯可做辅助照明，也可以用"满天星"式的布置方式来代替主灯 ◎筒灯做辅助光源时，通常安装在吊顶的四周 ◎射灯的光照通常是指向目标点的，例如装饰画或造型重点，意在突出此块区域的特点	◎独立射灯 ◎轨道式射灯 ◎内嵌式筒灯 ◎明装式筒灯	

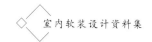

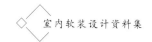

灯具的经典风格解析

从功能性方面确定了灯具的类型后，还需要对灯具的装饰性进行选择。灯具的色彩组合多样，造型更是千变万化，尤其是吊灯，通常会用在家居中最主要的活动空间——客厅中，是家居中所有灯具的重中之重，如果搭配得不合适，就起不到应有的装饰作用，还会显得很凌乱。从家居整体风格入手来选择灯具，更容易与硬装和其他软装获得协调感，所以了解不同风格灯具的特点是很有必要的。

1 中式风格灯具

中式灯具传承中式文化，讲究雕刻彩绘、造型典雅，凝聚了古典灯具的精华，并加入一些现代材料，古为今用，与时俱进，更符合现代人的生活习惯和审美。古香古色的中式灯具具有浓郁的复古韵味，亲近自然，朴实亲切，简单却内涵丰富。

中式风格灯具介绍

1 多以实木为主体，搭配云石、玻璃、羊皮、布艺等材质的灯罩，显得古朴典雅。

2 造型多为对称结构，受中庸、平衡、对称的影响，灯具多为左右对称，体现出中国古代艺术中的平衡美。

3 色彩多以深棕色为主，配色多为对比强烈的对比色，整体色彩浑厚而明快，给人一种浓郁的复古感。

4 光源多为柔和的暖色光，具有温馨惬意的效果。

5 图案包含龙、凤、长城、万字纹、回纹等古典式花纹。

中式风格典型灯具速览

实木雕花+彩绘图案灯	实木+彩绘图案陶瓷灯	实木雕花+羊皮灯	实木+彩绘图案纱罩灯
实木雕花素色灯	实木雕花+石材灯	实木雕花+铜雕镶嵌灯	实木雕花+纸灯

2 新中式风格灯具

　　新中式风格灯具是将古典灯具中的优秀元素与现代潮流、时尚相结合的产物，形神上带有古韵，外形上却非常时尚，它不是古典元素的简单累积或复古，经过提炼后更适应现代住宅的结构，是人们对古典文化精神的传递。

新中式
灯具介绍

1 仍然带有传统的文化符号，但不像中式灯具那样具象，且雕花等复杂的元素大大地减少，整体更简洁、时尚。

2 不再仅限于实木结构，而是更多地使用现代材料，如各种金属、人造板、布艺等。

3 结构更实用、舒适，改变了传统过分横平竖直的线条，更加符合人体工程学。

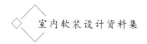

新中式风格典型灯具速览

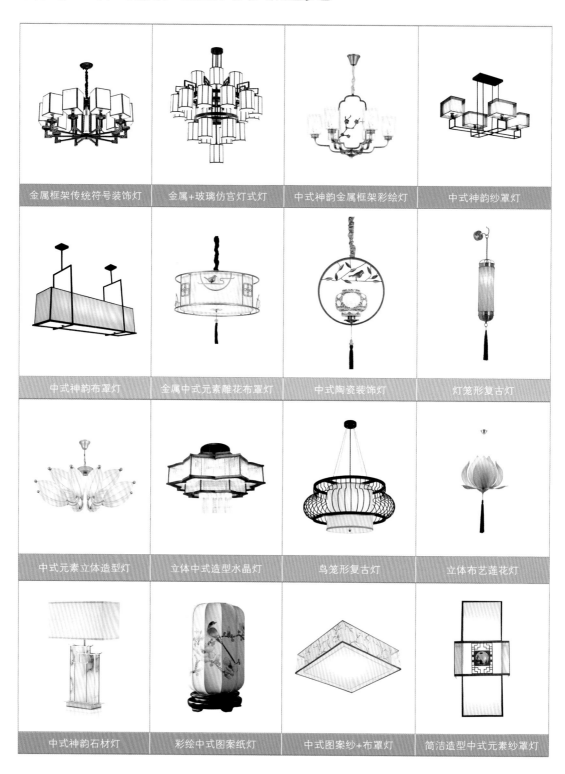

金属框架传统符号装饰灯	金属+玻璃仿宫灯式灯	中式神韵金属框架彩绘灯	中式神韵纱罩灯
中式神韵布罩灯	金属中式元素雕花布罩灯	中式陶瓷装饰灯	灯笼形复古灯
中式元素立体造型灯	立体中式造型水晶灯	鸟笼形复古灯	立体布艺莲花灯
中式神韵石材灯	彩绘中式图案纸灯	中式图案纱+布罩灯	简洁造型中式元素纱罩灯

3 现代风格灯具

现代风格灯具具有时尚、简洁的气质，在崇尚个性的年代里被越来越多的人所喜爱。所使用的材料具有超强的时代感，代表着一种潮流。灯具无论是造型还是色彩组合，没有特定的框架拘束，随心所欲，不仅适合现代风格居室，还可在其他风格家居中做混搭。

现代风格灯具介绍

1 简约、另类、追求时尚是现代风格灯具的最大特点。

2 材质一般采用具有个性科技感的各种金属、另类气息的玻璃、晶莹的珠片、立体造型的亚克力等。

3 在外观和造型上以另类的表现手法为主，不再仅限于具象的造型，有时甚至会使用抽象的立体组合形式。

4 色调上以白色、灰色、黑色以及金属色等无色系居多。

现代风格典型灯具速览

| 立体几何形金属灯 | 全金属灯 | 金属鸟笼灯 | 金属+玻璃造型灯 |
| 创意金属片组合灯 | 创意亚克力灯具 | 叠加几何造型金属灯 | 金属+珠片灯 |

金属+亚克力创意灯具	创意组合金属灯	立体造型组合金属灯	玻璃金属立体造型布罩灯
管状金属创意灯	金属+石材灯	金属+琉璃造型灯	金属+布艺灯

4 简约风格灯具

　　现代简约风格讲求"少即是多"，灯具也呼应该设计理念，线条通常柔美雅致，简练而精致，没有过多且复杂的装饰，除了简约的造型外，同时还讲求实用性，以精简的造型、色彩和光源恰到好处的运用来表达完美的空间艺术效果。

简约风格灯具介绍

1 简约灯在造型上主要体现为一个金属基架托着一盏或几盏灯。金属基架常见色彩为银白色、黑色或白色。

2 灯罩的设计是现代简约风格灯具的主要体现，造型多变但都非常简洁，所用材料一般为玻璃、金属等，表面有的平滑无装饰，有的则配以各种几何线条式的设计。

3 灯罩色彩常见的为无色系的黑、白、灰，或明亮的彩色。

简约风格典型灯具速览

简洁曲线半球金属灯	简洁立体线条金属灯	简洁立体几何形金属灯	简洁几何环形金属灯
简洁几何体金属灯	简洁造型水晶灯	简洁造型玻璃灯	立体筒活动物造型陶瓷灯

5 北欧风格灯具

　　简洁、实用、环保的理念渗透在北欧风格的灯具设计中，以木料、原始感的金属为主，灯罩多为玻璃、亚克力等，罩面很少带有图案，而是以颜色取胜。

北欧风格灯具介绍

1 外形极简，简约大方，但实用性强，同时具有优雅的美感。

2 与家具不同的是，北欧风格灯具的主材不再仅限于木料，金属材料被更多地使用，外表具有朴实感。

3 木质结构多用在壁灯及台灯上，且此类灯具多带裸露自然的纹理，且以浅色木料为主。

4 色彩比较多样化，但都给人非常舒适的感觉，黑、白、原木、红、蓝、粉、绿等都比较多见。

北欧风格典型灯具速览

浅色原木+金属灯	马卡龙色极简金属灯	金属+玻璃泡泡灯	极简几何造型金属灯
马卡龙色极简藤艺灯	极简造型全金属灯	马卡龙色倒碗金属灯	马卡龙色钻石面金属灯
镂空几何体金属灯	极简造型浅色原木灯	创意多层几何造型金属灯	创意浅木色木皮灯
创意羽毛灯	创意分子灯	极简造型金属+玻璃灯	极简造型拼色金属灯

6 法式风格灯具

使用法式风格进行装饰的住宅大多比较宽敞、高大、豪华而舒适，但同时却带有一种绅士的感觉，并不庸俗，需要很多细节的配合。灯具就是细节搭配的重点，其设计上讲求突出优雅、高贵和浪漫，具有独特的韵律美。

法式风格灯具介绍

1 法式灯具的框架本身也是装饰的一部分，为了突出材质本身的特点，一般采用古铜色、黑色铸铁和铜质为框架。

2 细节处理上会较多地使用一些雕花手法，注重细节的设计，各种水晶挂件是最常见的装饰性设计。

3 灯光颜色多为柔和的色彩，突出浪漫感。

4 灯罩采用的颜色多为单一色，且大都是以浅色为主。

法式风格典型灯具速览

洗白处理实木灯	铜杆水晶灯	全铜雕花灯	铜雕花水晶灯
铜雕花布艺罩灯	动物造型铜+石材灯	铜雕花陶瓷装饰灯	铜雕花陶瓷布艺罩灯

7 美式风格灯具

美式风格灯具可划分为两个大的种类，乡村风格的灯具比较粗犷简洁、崇尚自然，颜色较单一；而现代美式风格灯具则更简约、时尚一些，材料的组合范围有所增加。除此之外，还可使用比较简洁一些的乡村风格灯具或其他简约类风格的灯具做混搭。

1 美式灯具注重古典情怀，但风格和造型上相对简约，外观简洁大方，更注重休闲和舒适感。

2 乡村灯具用材多以树脂、铁艺和铜为主，多会进行做旧处理；现代美式灯具选材有所扩大，除以上外，还加入了亮面的金属。

3 灯罩以亚麻布艺灯罩和白色灯罩居多，也有一些使用透明玻璃。

4 框架常见的色彩为黑色、大地色系、古铜色和少量银色等。

美式风格典型灯具速览

| 做旧金属布艺罩灯 | 做旧金属白色玻璃罩灯 | 做旧金属透明玻璃罩灯 | 做旧金属水晶灯 |
| 做旧金属底座布艺罩灯 | 做旧全金属灯 | 金属陶瓷布艺罩灯 | 做旧金属云石罩灯 |

做旧金属麻绳灯	做旧实木金属灯	亮面金属布艺罩灯	亮面金属玻璃罩灯
大地色树脂鹿角灯	树脂做旧效果彩绘灯	全铜彩绘陶瓷布罩灯	做旧效果树脂布艺罩灯

8 欧式风格灯具

　　欧式风格的灯具可分为古典欧式和新古典两类，但区别不是很明显，都装饰华丽、造型精美，具有雍容华贵的装饰效果，注重曲线造型和色泽上的富丽堂皇。

欧式风格灯具介绍

1 欧式灯材料多以树脂和铁艺为主，其中树脂易于造型，所以运用得比较多。

2 树脂灯具通常会带有一些雕刻式花纹造型，而后多会贴上金箔银箔；铁艺灯造型相对简单，但更有质感。

3 除了会使用精致的雕花外，大多欧式灯具还会加上金色或其他色彩的装饰，如鎏金、描银。

4 灯罩较多地使用玻璃、布艺以及羊皮，有的比较简洁，有的会带有蕾丝、花边等装饰性设计。

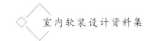

室内软装设计资料集

欧式风格典型灯具速览

| 树脂雕花描金/银灯 | 铁艺树脂彩绘罩灯 | 雕花水晶灯 | 曲线造型无雕花水晶灯 |
| 树脂雕花鎏金灯 | 树脂雕花鎏金/银蕾丝罩灯 | 石材蕾丝绣花装饰布艺罩灯 | 树脂雕花鎏金/银印花布罩灯 |

9 地中海风格灯具

地中海风格灯具具有海洋特点和自然特点，从造型和色彩组合上较能体现这些特点。与其他风格灯具的明显区分是，地中海风格灯具灯罩上有时会使用多种色彩和纹理进行拼接，在带有底座的灯具上，例如台灯、落地灯等，底座设计也有很多的创新。

地中海灯具介绍

1 地中海风格的灯具造型上比较创新，比较有特点的是吊扇灯、花朵造型以及海洋元素造型的灯具。

2 框架部分较多的使用铁艺，灯罩则多为布艺和玻璃。

3 玻璃灯罩的制作方式极具特点，除了其他风格中常见的平滑表面外，还有很多不规则块组成的拼接款式，也常加入贝壳等材料。

4 整体色彩上以各种蓝色最为常见，也会使用黑色、大地色等。

地中海风格典型灯具速览

做旧铁艺拼花罩灯	黑色铁艺拼花罩灯	白色铁艺拼花罩灯	蓝色铁艺拼花罩灯
磨砂金属拼花罩灯	黑色铁艺拼花罩灯	拼色玻璃罩灯	喷漆铁艺布罩灯
树脂雕花拼花罩灯	透明玻璃嵌花罩灯	贝壳镶嵌灯	海洋元素实木造型灯
海洋元素树脂造型灯	蓝色玻璃+白色布艺罩灯	蓝色系玻璃+布艺罩灯	蓝色陶瓷布艺罩灯

10 东南亚风格灯具

　　东南亚风格灯具的设计上融合了西方现代概念和亚洲传统文化，通过不同的材料和色调搭配，在保留了自身的特色之余，产生更加丰富的变化，但总体上的特点是"崇尚自然"，与硬装、家具的风格相符，主张原汁原味。

东南亚灯具介绍

1 材质上会大量运用麻、藤、竹、草、原木、海草、椰子壳、贝壳、树皮、砂岩石等天然的材料，营造一种淳朴的气息。

2 较多地采用象形设计方式，比如鸟笼造型、动物造型等。

3 注重手工工艺，以纯手工编织或打磨为主，淳朴的味道尤其浓厚。

4 在色泽上保持自然材质的原色调，大多都比较单一且接近自然，所以多以深木色为主，搭配白色或米色，具有雅致感。

东南亚风格典型灯具速览

古铜彩色水晶灯	古铜彩色玻璃灯	仿实木树脂灯	实木雕花灯
藤艺灯	编织灯	做旧实木框架编织灯	立体丛林元素造型灯

11 田园风格灯具

　　田园风格贴近自然、向往自然，展现出朴实的生活气息。所以田园风格的灯具多以自然界的植物为原型，色彩缤纷亮丽，表现出一种天然、舒适的意境。造型主要体现为梦幻的水晶灯、别致的花草灯、情调的蜡烛灯等，多为花朵造型，小巧别致。

田园风格灯具介绍

1 田园风格的灯具主体部分多使用铁艺、铜等，多保留材质本身特征，不会做过多修饰，灯罩的设计则非常丰富。

2 造型上会大量地使用田园元素，例如各种花、草、树、木的形态。

3 灯罩多采用碎花、条纹等布艺灯罩，多伴随着吊穗、蝴蝶结、蕾丝等装饰，除此之外，还会使用带有暗纹的玻璃灯罩。

4 色彩组合以黑色、古铜色及白色搭配粉色、绿色等最常见。

田园风格典型灯具速览

白色树脂雕花描金/银灯	白色树脂田园元素彩绘灯	花朵造型灯	田园元素印花罩灯
田园配色纱罩灯	白色树脂描金/银蕾丝灯	田园元素雕花布艺罩灯	白色实木蕾丝罩灯

不同的材质具有不同的特点，影响灯具效果的因素除了造型外，所用材质产生的影响也是非常大的。经过文化的传承，每一种风格的灯具都有其独特的代表材质，了解它们的特点和对应的风格，可以让灯具与居室硬装和其他软装的搭配更协调。

不同材质灯具的特点

名称	介绍	适用风格	图片
水晶灯	◎水晶灯具有绚丽、高贵、梦幻的装饰效果 ◎早期的水晶灯是由天然水晶和蜡烛组成的，而现在市面上的水晶灯则多由人造水晶和白炽灯组成 ◎水晶灯的尺寸应结合居室面积进行选择，如果面积小却安装大的水晶灯，会让人感觉不协调 ◎水晶灯的底沿距地面应留有至少2米的距离	◎现代风格 ◎法式风格 ◎欧式风格 ◎田园风格	
铁艺灯	◎铁艺灯的支架和主体部分都是由铁艺组成的，此类灯具带有浓郁的复古感，通常是黑色的 ◎此类灯具造型古朴大方、凝重严肃 ◎由于铁艺材料的限制性，所以质感部分的花样较少，但灯罩部分花样较多，有树脂、透明玻璃、白色磨砂玻璃以及布艺等	◎现代风格 ◎简约风格 ◎北欧风格 ◎美式风格 ◎地中海风格 ◎东南亚风格 ◎田园风格	
铜艺灯	◎以铜为主要材料制成的灯饰为铜艺灯，包括紫铜和黄铜两类材料 ◎铜灯极具质感，外表美观，好的铜灯还具有收藏价值，目前市面上的铜灯以欧式灯为主导 ◎铜灯非常注重线条和细节上的设计，十分讲究，例如使用曲线或点缀一些小花纹、小图案等	◎法式风格 ◎欧式风格 ◎美式风格	

名称	介绍	适用风格	图片
树脂灯	◎以树脂为原材料，塑造成各种不同的形态造型，再装上灯泡组成的 ◎颜色丰富，造型多样、生动、有趣，环保自然 ◎树脂灯具的装饰性都比较强，欧系树脂灯通常会伴随着雕刻式花纹、描金银等手法 ◎树脂灯还有一个特点就是仿制性超强，可以模仿做旧的木材、金属等诸多质感 ◎打理比较容易，且重量较轻，如果不喜欢金属材料，可用仿金属的树脂代替	◎法式风格 ◎欧式风格 ◎美式风格 ◎地中海风格 ◎东南亚风格 ◎田园风格	
羊皮灯	◎灯罩部分为羊皮，其制作灵感来自古代灯具，能给人温馨、宁静感 ◎灯架主要材料为木质，组合起来具有古朴、传统的感觉 ◎造型主要以圆形与方形为主 ◎羊皮上有的是素色，有的会加一些彩绘图案 ◎灯泡通过羊皮透出的光非常温暖，具有温馨感	◎中式风格 ◎新中式风格 ◎欧式风格 ◎东南亚风格	
纸灯	◎以特殊加工的纸作为灯罩材质的灯具 ◎质量较轻，光线柔和 ◎安装方便而且容易更换，具有较浓的文化气息 ◎怕水，耐热性能差 ◎一些质量不佳的纸质灯还有易变色、易吸附尘土的缺点，选择时应尤其注重其质量	◎现代风格 ◎简约风格 ◎中式风格 ◎新中式风格 ◎北欧风格 ◎东南亚风格	
布艺灯	◎布艺材料主要用在灯罩部分，包括布料、纱、蕾丝等 ◎这类灯的底座以水晶和树脂材料为主，最常见灯具为吊灯、台灯和落地灯 ◎罩面形式主要有三种，素色、印花布和带有绢花、流苏等装饰的款式	◎所有风格	
藤草编织灯	◎此类灯具的原料为处理过的藤、草、竹等天然材料，有单独一种材料编织的款式，也有几种材料合体以实木为框架编织的款式 ◎造型通常比较简单，以吊灯最为常见 ◎外观造型较少，多为立体几何形体或动物 ◎具有自然、质朴的装饰效果，色彩通常为原料的本色	◎新中式风格 ◎北欧风格 ◎东南亚风格	

不同空间
灯具的
运用

　　灯具是室内装饰的重要组成部分，造型精美的灯具在白天也是不可缺少的装饰，而在夜晚，好的灯光运用可以营造出恰当的气氛，还能够通过光影的变幻来改变居室内建筑上的不足。而不同功能性的空间中，所需要的灯具是有一定的区别的，只有详细了解后，才能更好地让每种光源使用在恰当的位置，塑造出预期的效果。

1 客厅灯具的运用

　　客厅是家居中的主要活动场所，日常功能包括交谈、会客、阅读、观影等，所以在进行灯具的选择和布置时，应充分考虑到这些功能。通常来说，根据客厅面积的不同，需要一盏或两盏主灯以及多盏辅助照明，在满足基本照明需求的同时，兼顾氛围的营造。主灯通常为吊灯或吸顶灯，辅助灯包括筒灯、射灯、壁灯、落地灯或台灯等。

电视墙灯具运用

　　电视墙是客厅中的主要部分，所以它的灯光设计应突出一些。如果有吊顶设计，可以安装一些筒灯照射在墙面上，来强调它的主体地位；没有吊顶，可以采用明装式筒灯或者射灯。

　　如果墙面部分有造型，还可以在电视机后方设计一些暗藏式的灯具，利用光线的漫反射减轻视觉的明暗对比，缓解视觉疲劳。

沙发墙灯具运用

沙发区是家人活动集中的区域，所以在设计灯光时，不能仅仅考虑到装饰效果，还要考虑到人们坐在沙发上时的感受。如果灯具的光线太强，容易引起炫光和阴影，使人们感觉不舒适。

所以，即使是为了突出装饰品，也不建议选择炫目的射灯，而安装筒灯、台灯、壁灯等冷光源的灯具较佳。

饰品灯具运用

在面积足够宽敞的大客厅中，除了电视墙和沙发墙外，还会经常设计一些小的景观，例如装饰画、盆景、艺术品等。这些小的景致也是需要突出的对象。

可以有针对性地在这些装饰的上方安装 1 ~ 3 盏聚光性的灯具，进行重点照明，用光影的对比效果来强调它们，以突出业主的品位。

阅读灯具运用

有些家庭的客厅中同时还具备阅读的需求，大部分都会在沙发区实现阅读功能，也有可能会安排在阳台上。那么，在突出墙面装饰的灯具外，在座位附近安装一个落地灯是很必要的。

阅读用落地灯，可以是光线集中向下的款式，也可以上下均透光。灯泡需具备防频闪功能，以避免对眼睛造成伤害。

2 餐厅灯具的运用

　　餐厅的主要功能是满足人们的用餐需求，所以灯具发出的光宜柔和、宁静，有足够的亮度，让人能够清楚地看到食物。灯具的外形和色彩，还应与空间内的硬装、家具、餐具等搭配协调，具有整体上的美感，选择与其他装饰的风格一致的款式是最佳的。同时，灯具的大小和长度还应考虑餐厅的面积、层高等因素。

餐厅层高和面积

　　层高较低的餐厅，不适合使用吊灯，容易让人感觉压抑，采用筒灯或吸顶灯更容易让人感觉舒适；而高度特别高的餐厅就适合使用长一些的吊灯，来减弱超高的层高带来的空旷感。

　　小餐厅可以使用筒灯和壁灯组合取代主灯，也可仅使用简单的吊灯；宽敞的餐厅可用吊灯做主灯，再搭配辅助光源。

长方形和圆形餐桌

　　家居空间中，使用长方形餐桌的比例较高，它搭配吊灯的形式比较灵活，既可以使用一盏长条形的吊灯，也可以使用同系列的吊灯成一字形布置，还可以让吊灯的高度错落，增加活泼感。

　　圆形的餐桌与吊灯的组合形式就略单调一些，最适合的是使用一盏直径稍大一些的吊灯，比例上会比较舒适。

3 卧室灯具的运用

卧室是私密性非常强的空间，使用的人数一般为 2 人左右。它的主要功能就是供人休息，所以灯光应柔和、舒缓，能够缓解人们一天的疲劳，让人迅速地入睡。卧室内的照明可以分为两类，一类是普通作用的灯具，包括主灯和辅助灯具；一类是装饰性灯具，作用是烘托氛围，丰富装饰层次，可以根据需要来具体搭配。

整体和局部照明

整体照明：卧室内的整体照明可以根据房间的高度来进行选择，如果房间比较低矮，可以使用吸顶灯或明装式筒灯；如果房间高度足够，可以使用吊灯或安装筒灯做主灯。主灯最好采用双控形式，使用起来更便利。

局部照明：卧室的局部照明集中在床头附近，可以使用筒灯、壁灯、台灯等局部光源，若有阅读需求，台灯更适合。光照不能过强，暖色或中性色的灯比较适合。如果有梳妆台，还应在镜子两侧安装化妆灯，可以避免阴影的产生。

装饰性照明

除了实用性的灯具外，装饰华丽的卧室内还需要一些具有烘托氛围和增加灯光层次的灯具，这些灯具的设计可以结合室内的硬装造型来进行。

如果有吊顶或立体墙面造型，可以在上方或后方安装暗藏灯带；如果床头墙以外的墙面有重点装饰，还可安装射灯来予以突出。射灯尽量只照在墙面上，以避免刺眼。

4 书房灯具的运用

　　书房是家居中用于学习和工作的空间，灯具的运用应满足这些需求，除了明亮、舒适外，还应分布均匀、自然柔和，避免对眼睛造成刺激而损害视力。

　　如果是与客厅或卧室同一室的书房，主灯可根据整体居室的面积来决定安装与否，独立式书房则建议安装主灯。除此之外，书桌上应有台灯，习惯在沙发或休闲椅上阅读的人群，还应配置落地灯。书柜如果藏书较多，建议安装筒灯或暗藏灯，方便查找书籍。

5 玄关灯具的运用

　　多数家居中的玄关都是没有窗的，其中使用的灯具不仅承担着采光的重任，同时还要能烘托出恰当的氛围，让人从进门起就能够感到轻松、温馨。玄关是家居中的"脸面"，灯具的款式应与整体风格相协调。如果是小玄关，可只使用主灯；如果玄关面积较大，就需要搭配一些聚光的辅灯。

6 厨卫灯具的运用

厨房和卫浴间中的灯具应以实用性和功能性为主。这两个房间都比较潮湿，所以应注重灯具的安全性和防水性。除此之外，还很容易被油渍和水渍污染，因此方便清扫且不容易被腐蚀也非常重要。具体灯具数量和形式的选择，应结合房间的大小、形式和使用需求来具体决定，但主灯都是必不可少的。

厨房灯具运用

厨房的油烟机中通常会配备局部照明，它主要照射位置为灶台上方，便于夜晚烹饪时让人对菜肴的生熟程度进行更好的分辨。如果油烟机不带灯，建议在吊柜的下方安装局部照明，增加台面的亮度。

如果水槽距离炒菜区较远，建议在水槽上方安装一个小吊灯或暗藏灯，避免夜晚人体遮挡主光形成的阴影影响视线。

卫浴间灯具运用

卫浴间如果面积较小，主灯使用集成吊顶配置的灯具即可。如果不安装集成吊顶，可安装一个防水防雾的吸顶灯，而后在镜前安装一个局部光源，满足不同的情况下的使用需求。

如果是大卫生间，除了镜前灯外，还可在坐便器、面盆、浴缸和花洒的顶部各安装一个筒灯，充当主灯使用。

灯具运用
案例解析

案例一

户型解析 三室两厅　　家居风格 美式风格
主要灯具材料 金属、布艺　　主要灯具色调 金、银

灯具类型：台灯
光源类型：辅助光源
灯具色彩：黑色
灯具材质：玻璃＋布艺

灯具类型：筒灯
光源类型：主光源
灯具色彩：银色
灯具材质：金属＋玻璃

灯具类型：台灯	灯具类型：筒灯	灯具类型：T5 灯管
光源类型：辅助光源	光源类型：主光源	光源类型：装饰光源
灯具色彩：黑色	灯具色彩：银色	灯具色彩：淡黄色
灯具材质：玻璃＋布艺	灯具材质：金属＋玻璃	灯具材质：金属＋玻璃

TIPS

灯具运用解析：

　　客厅区域为了让主光分布得更均匀，同时各重点部位也都有光照，采用了筒灯来取代吊灯做主灯，再用台灯做局部光照。

TIPS

灯具运用解析：

　　过道部分设计了一处装饰景观，安装一个筒灯照亮这个区域，有突出的作用。餐厅面积小但高，使用长吊链吊灯很协调。

灯具类型：筒灯
光源类型：主光源
灯具色彩：银色
灯具材质：金属＋玻璃

灯具类型：吊灯
光源类型：主光源
灯具色彩：黑色
灯具材质：金属＋玻璃

灯具类型：台灯

光源类型：辅助光源

灯具色彩：白色

灯具材质：金属＋玻璃＋布艺

灯具类型：筒灯

光源类型：主光源

灯具色彩：银色

灯具材质：金属＋玻璃

灯具类型：筒灯

光源类型：主光源

灯具色彩：银色

灯具材质：金属＋玻璃

TIPS

灯具运用解析：

　　主卧室整体面积不大，但是有一条过道，为了让光线柔和且均匀，仍然用筒灯取代了主灯，而在床两侧摆放台灯做辅助。

灯具类型：台灯
光源类型：辅助光源
灯具色彩：金色＋白色
灯具材质：金属＋玻璃＋布艺

灯具类型：筒灯
光源类型：主光源
灯具色彩：银色
灯具材质：金属＋玻璃

TIPS

灯具运用解析：

儿童房的灯具运用方式与主卧相同，用筒灯提供整体照明，床两侧摆放台灯。夜晚关闭主灯后，阅读或照明都非常方便。

TIPS

灯具运用解析：

书房面积不大，书桌上摆放台灯可满足工作需求，主灯则可用来查阅书籍。卫浴间面积较小，使用集成灯即可满足需求。

灯具类型：吊灯
光源类型：主光源
灯具色彩：金色＋白色
灯具材质：金属＋布艺

灯具类型：台灯
光源类型：辅助光源
灯具色彩：金色＋白色
灯具材质：金属＋布艺

灯具类型：防雾灯
光源类型：主光源
灯具色彩：白色
灯具材质：金属＋亚克力

案例二

| 户型解析 | 别墅 | 家居风格 | 美式混搭风格 |
| 主要灯具材料 | 树脂、水晶 | 主要灯具色调 | 古铜、白、银 |

灯具类型：吊灯

光源类型：主光源

灯具色彩：古铜色 + 白色

灯具材质：树脂 + 金属

灯具类型：射灯

光源类型：辅助光源

灯具色彩：白色

灯具材质：金属 + 玻璃

灯具类型：台灯
光源类型：辅助光源
灯具色彩：拼色
灯具材质：树脂＋金属

灯具类型：筒灯
光源类型：辅助光源
灯具色彩：银色
灯具材质：金属＋玻璃

灯具类型：T5灯管
光源类型：装饰光源
灯具色彩：淡黄色
灯具材质：玻璃

TIPS

灯具运用解析：

　　客厅的举架较高，为了让灯光的层次更丰富，使用了吊灯作为主灯后，又搭配了筒灯、暗藏灯带和台灯做辅助光源。

TIPS

灯具运用解析：

以餐桌上方的吊灯为主灯，能够在整体照明的同时对菜肴照得更清楚。岛台部分设计辅助光，避免产生盲点。

灯具类型：吊灯
光源类型：主光源
灯具色彩：银色＋淡粉色
灯具材质：金属＋水晶

灯具类型：吊灯
光源类型：辅助光源
灯具色彩：黑色＋拼色
灯具材质：金属＋水晶

灯具类型：台灯
光源类型：辅助光源
灯具色彩：黑色 + 拼色
灯具材质：金属 + 树脂

灯具类型：吊灯
光源类型：辅助光源
灯具色彩：黑色 + 白色
灯具材质：金属 + 水晶

灯具类型：筒灯
光源类型：主光源
灯具色彩：白色
灯具材质：金属 + 玻璃

TIPS

灯具运用解析：

卧室内以筒灯做主灯，塑造柔和的整体氛围，而后在床头柜以及梳妆台上方分别运用台灯和吊灯，满足不同的需求。

第三章

室内软装元素
之
织物

TEXTILE

织物是家中流动的风景

它能够柔化硬装和家具生硬的线条

赋予居室新的感觉和色彩

同时还能够降低室内的噪声，减少回声

使人感到安静、温暖、舒心

是家居环境中必不可少的一种软装饰

家居织物的种类很多

包括窗帘、靠枕、床品、地毯、桌布等

了解不同织物的作用和选择方式有利于更好地美化环境

织物的
使用功能
分 类

　　织物的使用功能，是指它的具体作用。通常来说，家居空间内常用的织物包括窗帘、床品、地毯、抱枕、桌布等，它们对应的装饰位置不同，特点和所包含的种类也不同，搭配组合的方式也有一定的区别。了解每一种织物的这些特点，可以更好地运用它们来美化家居环境。

1 窗帘

　　窗帘是家居中面积最大的织物，它具有多种功能，例如保护隐私、调节光线、保温等；厚重、绒类布料的窗帘还可以吸收噪声，在一定程度上起到遮尘防噪的效果。除了实用性外，它更是不可或缺的装饰，对整体装饰效果有着重要的影响。

窗帘的种类及介绍

名称	介绍	适用空间	图片
平拉帘	◎沿着轨道或杆子平行地朝两边或中间拉开、闭拢，做平行移动的窗帘 ◎是最常见的窗帘形式 ◎常见形式有：一窗一帘、一窗两帘或一窗多帘等 ◎开合方式可分为：对开左右平拉、独幅开左右平拉、转角开左右平拉及独幅开平拉等 ◎如果白天需要挡光，可设计成双层的款式，即内层放纱帘，外层放布帘	◎客厅 ◎餐厅 ◎卧室 ◎书房	

名称	介绍	适用空间	图片
折帘	◎上升时折叠归拢成一个形态，下降时此形态又慢慢舒展打开，通过这种拉开、闭拢，达到窗帘的使用目的 ◎可分为成品帘和罗马帘两类，家居空间中多用为后者 ◎罗马帘装饰效果很好，华丽、美观 ◎窗帘的幅面一般为1.4米，如果是小窗宽度不超过1.4米，最适合安装罗马帘，中间无需做接缝处理，更美观；大窗则可多组拼接悬挂	◎客厅 ◎餐厅 ◎卧室 ◎书房	
卷帘	◎指随着卷管的卷动而作上下移动的窗帘 ◎样式简洁，四周没有任何装饰 ◎材质一般为压成各种纹路、印成各种图案的无纺布 ◎亮而不透，表面挺括 ◎使用方便，非常便于清洗	◎书房 ◎电脑房 ◎其他小窗房 ◎西晒房	
百叶帘	◎用铝合金、木、竹、烤漆为主，加工制作而成 ◎不同角度可进行任意调节，使室内的自然光富有变化 ◎耐用常新、易清洗、不老化、不褪色 ◎遮阳、隔热、透气、防火 ◎可分为电动和手动两个种类	◎餐厅 ◎卧室 ◎书房 ◎厨房 ◎卫浴间	
垂直帘	◎叶片垂直悬挂于上轨制成的窗帘，实际就是把百叶帘90度转体，叶片比百叶帘宽 ◎装饰效果和特点与百叶帘类似 ◎不同的是，它通过左右调节来达到自由调光的目的 ◎常见材料为：PVC、普通面料、纤维面料、铝合金和竹木几种	◎餐厅 ◎卧室 ◎书房	
柔纱帘	◎又名斑马帘、调光帘、双层卷帘、日夜帘、彩虹帘、柔丽丝等 ◎起源于韩国，近年来开始在中国流行 ◎不仅集合了布和纱的优点于一身，且集百叶帘、卷帘、罗马帘功能于一体 ◎为双层面料，可错位调节局部光线，立体感非常强	◎餐厅 ◎卧室 ◎书房	

名称	介绍	适用空间	图片
线帘	◎以线状为单位组成的窗帘形式 ◎装饰性非常强，虚实结合，具有朦胧感 ◎材质多样，如水晶、丝、线等 ◎具有灵活性和广泛的适应性，适用于各种形式的窗户 ◎除了用于窗户，还可用做居室内的隔断	◎客厅 ◎卧室 ◎阳台	
欧式百叶窗	◎又称木气窗，是一种窗、帘合一的设计形式 ◎外框固定在建筑的窗框里，再把百叶窗做在窗内，与原窗形成里外两层，简洁大方，无需再安装窗帘即可调节光线 ◎属于建筑的一部分，但其本身拥有百叶帘调节光线、保护隐私、美观耐用的特征 ◎材料分为实木和PVC两种，实木可以涂刷任何油漆色，PVC仅有白色 ◎对尺寸要求较严格，所以使用率较低	◎客厅 ◎餐厅 ◎卧室 ◎书房 ◎厨房 ◎卫浴间 ◎阳台	

2 床品

床是卧室中绝对的主角，而床是不会单独使用的，需要搭配床垫、床单、被套、枕头等才能美观又舒适，所以床品就成为了卧室中软装的中心。它分为隐藏部分和外露部分，隐藏部分如床垫、枕芯等，舒适性是先导；而外露部分如床单、被套，花色和质量同样重要。

床品的种类及介绍

名称	介绍	常见类型	图片
床垫	◎床垫是保证睡眠质量的根本，好床垫不但能使人拥有舒适的睡眠，对身体健康也大有好处 ◎它的款式较多，需要根据自身习惯来选择 ◎好的床垫应兼具功能性、舒适性、安全性和美观性 ◎所有类型的床垫中，弹簧床垫也就是人们常说的"席梦思"软硬适中，养护方便，使用率较高；近年来，乳胶床垫因其特性也广为流行	◎弹簧床垫 ◎棕榈床垫 ◎乳胶床垫 ◎水床垫 ◎磁床垫 ◎记忆棉床垫	

名称	介绍	常见类型	图片
床褥	◎床褥的产生要早于床垫，最早期它是直接铺在木板床上的，现在主要是与床垫结合使用 ◎床褥可以增加床铺的柔软度和舒适度，还能够对床垫形成一层保护 ◎床垫不便清洗，而床褥非常便于拆洗，加一层床褥，能够保证床铺的整洁和干净，利于人们的身体健康 ◎床褥早期均为棉花制作而成，现在发展出了多种不同材料，可选择性更多	◎棉床褥 ◎竹炭床褥 ◎珊瑚绒床褥 ◎羊毛床褥 ◎乳胶床褥	
被芯	◎被芯的好坏决定了被子的舒适程度 ◎被芯不宜太重，否则容易压迫肺部。太轻则保暖性差。以棉被为例，冬季以3~5斤为佳，春秋则减半 ◎被芯可分为单人和双人宽，单人被尺寸为150厘米×210厘米和180厘米×220厘米；双人被尺寸为200厘米×230厘米和220厘米×240厘米	◎棉花被 ◎多孔纤维被 ◎蚕丝被 ◎羊毛被 ◎羽绒被	
枕芯	◎枕芯是枕头的重要组成部分，决定着枕头的舒适程度 ◎填充材料有许多种，功能和作用不同，选择合适的枕芯非常重要，在进入最佳睡眠状态的同时获得一定的保健效果，有益身心 ◎枕芯不宜过硬，应有良好的弹性和支撑力	◎决明子枕 ◎荞麦枕 ◎乳胶枕 ◎寒水石枕 ◎羽绒枕 ◎记忆棉枕 ◎木棉枕	
床单	◎床单兼具实用性和装饰性，它能够进一步地保护床垫或床褥，同时美化卧室环境 ◎床单花型美观、多样，布面平整，坚牢耐用 ◎中式床单一般长度为210~228厘米，宽度为100~200厘米 ◎西式床单一般长度为2.7米左右，宽度有1.8米、2.0米、2.3米等多种	◎棉 ◎亚麻 ◎天丝 ◎真丝 ◎竹纤维 ◎法莱绒 ◎莫代尔	
床笠	◎床笠是把一个床单的四个角裁剪掉4个小方块，缝到一起，再在四周带上松紧带 ◎床笠对床的尺寸要求很高，一般1.8米×2米的床配1.8米×2米×25厘米的床笠，1.5米×2米的床配1.5米×2米×25厘米的床笠 ◎床笠可以直接作为床单使用，也可以只做保护床罩的作用，表面再叠加一层床单	◎棉 ◎亚麻 ◎天丝 ◎真丝 ◎竹纤维 ◎法莱绒 ◎莫代尔	

名称	介绍	常见类型	图片
床裙	◎床裙的结构像帘幕一样，四周是从床面垂下来的，可以保护床体四周，避免灰尘等脏污进入，便于清洗 ◎单独的床裙很少，通常都带有覆盖床面的床单部分 ◎床裙有很多种风格，并不一定都带褶皱，使用时可选择与床相同风格的造型	◎棉 ◎纱 ◎亚麻 ◎混纺 ◎真丝 ◎涤纶 ◎涤棉	
床盖	◎就是款式复杂一些的床单，2个角会做成圆形，有的还会在三个边上做一些装饰 ◎多数床盖都会做绗缝处理，叫做绗缝床盖，比床单要厚实 ◎作用同床单一样，覆盖和保护床垫，但它更美观、更平整 ◎亮而不透，表面挺括	◎纯棉 ◎法莱绒	
床幔	◎床幔主要起到的是分隔作用和装饰作用 ◎它将床包裹起来，使睡眠区保持相对独立、安静而私密，增加人们的安全感 ◎床幔还能为卧室增添情调，烘托氛围 ◎床幔的选择宜与卧室整体风格结合，因为面积较大，所以花色不宜过于花哨	◎棉 ◎麻 ◎纱	
被套	◎使用被套一方面是为了美化卧室的整体环境，一方面是为了保护被芯，如蚕丝被等无法清洗，使用被套可以保证被芯的整洁度 ◎被套的花色通常是与床单、枕套相同或成套设计的，效果会更美观、协调 ◎被套有几种规格，总的来说可分为单人用和双人用，单人用尺寸为150厘米×200厘米，双人尺寸为200厘米×230厘米，双人加大尺寸为220厘米×240厘米	◎棉 ◎亚麻 ◎天丝 ◎真丝 ◎竹纤维 ◎法莱绒 ◎莫代尔	
枕套	◎枕套是现代枕头的重要组成部分，它起到保护枕头和美化的作用 ◎造型上可分为一片包型、牛津型和缀边型 ◎枕套的花色宜与床单和被套统一，如果寻求变化，也可做一些混搭，但注意不要过于混乱，使用纯色混搭最安全	◎棉 ◎亚麻 ◎天丝 ◎真丝 ◎竹纤维 ◎法莱绒 ◎莫代尔	

3 其他织物

除了窗帘和床品外，家居中还有一些常用的织物，例如地毯、抱枕和桌布等，它们都是家居织物类软装的重要组成部分，有着不可替代的作用，与窗帘、床品组合起来使用，能够让建筑线条更柔和，进一步强化家居空间的温馨感和舒适感。

其他织物的种类及介绍

名称	介绍	常见类型	图片
地毯	◎地毯在中国历史悠久，最初地毯是用来铺地御寒的，现在在家居中主要作为装饰品使用 ◎是世界范围内具有悠久历史传统的工艺美术品之一 ◎它能够隔热、防潮，具有较高的舒适感，同时兼具美观的观赏效果 ◎地毯可以分为块毯和整体铺装两种形式，块毯使用灵活，可自行铺装，清洗便捷，更适合在家居空间中使用	◎化纤地毯 ◎羊毛地毯 ◎混纺地毯 ◎毛皮地毯 ◎编织地毯	
抱枕	◎抱枕可以说是家居常用的织物里，体积较小的一类，虽然小，但却具有不可忽视的作用 ◎当感觉家具或整体氛围有些沉闷时，加上几个抱枕立刻就会获得改变，往往是家居装饰中的点睛之笔 ◎它不仅适用于家具上，还可以摆放在飘窗、地面、榻榻米等多处位置 ◎靠枕的美观程度取决于枕套，而其舒适程度则取决于枕芯	◎方形抱枕 ◎长方形抱枕 ◎圆形抱枕 ◎圆柱形抱枕 ◎卡通形抱枕	
桌布、桌旗	◎桌布、桌旗的使用位置不仅限于餐桌，茶几、边桌等家具也可以用它来做装饰 ◎使用桌布、桌旗可以保护桌面，并为花色较单调的实木类的桌子增添一些变化，特别是在节日里，能够活跃氛围，增添喜庆感 ◎在不同的季节里，可以变换桌布、桌旗的颜色来调节感官上的温度 ◎桌布、桌旗的材质选择可根据使用部位的不同来具体选择	◎棉麻桌布、桌旗 ◎涤纶桌布、桌旗 ◎绸缎桌布、桌旗	

织物的常见风格解析

与家具等大件软装相同的是，织物对应不同的家居风格时，也有其独特的纹理和特征，特别是如大面积的窗帘、地毯以及数量较多的靠枕等，使用与硬装及家具对应的风格图案，能够使居室内的整体装饰统一感更强。

1 中式风格织物

中式风格的织物材质多选择棉麻、丝绸等布料；色彩以清雅的米色、杏色、前进色或富丽的宫廷蓝、红、黄等为主；经常使用流苏、盘扣等作为点缀；图案除了经典的龙凤、福禄寿喜等，还有自然韵味的花鸟图案，例如具有代表性的梅、兰、竹、菊、仙鹤等，多借助刺绣的手法，跃然于布艺织物之上。

2 现代风格织物

现代风格具有非常典型和鲜明的个性特色，织物材质多变，除了常规性的材料外，还经常会使用一些带有亮片或金属涂层的布料；色彩以无色系为主，小块面的布艺也会使用一些鲜艳的色彩来凸显个性；图案以简单的几何、线条、色块等为主，带有浓郁的艺术气息。

3 简约风格织物

简约风格讲究简练、精致，布艺织物也具有此种特点。材料的选择上以方便清洗的实用性材料为主，例如棉麻、化纤织物等；色彩以无色系或亮丽的彩色为主，凸显简约主题；图案或为无纹理的素色，或为大气而简洁的线条或几何图形。

4 北欧风格织物

北欧风格以简约、淡雅、精致著称，所以织物也要体现出这些特点，材料上以自然的棉麻为主，不需要太多的点缀和装饰；色彩多简单素雅，例如灰色、白色、果绿、灰蓝、茱萸粉等；图案以纯色及带有几何图形的纹理最常见。

5 法式风格织物

法式风格整体上来说，具有低调的奢华感，同时还兼具浪漫和唯美感。布艺织物材料多选择纱、蕾丝及带有烫金、烫银、植绒类的合成布料，天然的丝绸也常用到；在造型上是比较复杂的，透露出浓郁的复古繁华的风情，例如窗帘都带有帘头，而后会搭配一些刺绣、流苏等装饰，注重细节部分的设计；色彩以清新淡雅为主，例如灰绿、灰蓝、米色等，拒绝过于浓郁的色彩；图案以田园系列的花朵、卷草纹最具代表性。

6 美式风格织物

美式风格织物通常简洁爽朗，线条简单，选材比较广泛，印花布、手工纺织的尼料、麻织物等都比较常见；色彩多以板岩色、古董白、浊调的蓝色、绿色等居多；随意涂鸦的花卉图案为主流特色，也会使用一些带有民族特点的图案，例如国旗，以及一些纯色的款式。

7 欧式风格织物

欧式风格织物兼具华丽感和大气感，无论是古典欧式还是简欧，都具有一些典型的代表。材料的选择上以植绒布艺为主，很少使用棉麻；色彩或淡雅或浓郁，常用的有象牙白、大地色、暗红色等；图案最具代表性的是大马士革图案，佩斯利图案和欧式卷草纹也比较典型。

8 地中海风格织物

地中海风格是独具自然韵味的海洋类风格，所以织物的选材上具有自然风格的特点，以棉麻为主；色彩上最具代表性的是白色和蓝色，其次，亲切的大地色系、欢快的黄色、自然的绿色也比较常用；图案则以海洋类图案、格纹、条纹以及自然感的花草等为主。

9 东南亚风格织物

为了表现雨林地域的特点，东南亚风格的家居中家具多以厚重的实木本色为主，而它的最好搭档就是各种织物。

东南亚风格的织物非常具有特点，材料上以不同角度会变换色彩的泰丝为代表，质朴的棉麻也会作为搭配使用；色彩分为两大类，一是以白色、米白色、棕色为主的淡雅派，一是以艳丽的紫、红、橙、黄、蓝、绿为代表的绚丽派，后者更具代表性；织物图案以东南亚地区的民族图案和雨林元素的图案为主。

10 田园风格织物

田园风格的织物兼具自然感和唯美感，材料上以棉麻和纱最常用，有时大型织物上还会点缀一些蕾丝花边和流苏；色彩取材于自然，粉色、绿色、红色、蓝色等非常常见，但多会与白色组合出现；具有代表性的图案是各类碎花、格纹、条纹等，有时也会在组合中加入一些纯色的织物做调节。

不同材质
织物的
特点

织物是由纤维组成，通过手工或机器编织而成的。人们生活习惯和地区的不同，所使用的原料一定是存在区别的，了解不同材质织物的区别，才能更好地运用它们。

1 窗帘

窗帘从材质上可以分为植绒、纱、棉麻、雪尼尔、绸缎、塑铝和木织帘等几种，每一种材料都有其优点和缺点，对应的，所适合的空间也是有区别的。挑选窗帘不仅关注其美观性，更要从实用角度出发。窗帘十分容易吸纳灰尘，滋生尘螨，易于打理才能保证家居生活的健康。

窗帘的材质及特点

名称	介绍	适用空间	图片
植绒帘	◎手感柔软，垂坠感强 ◎遮光性佳，价格适中 ◎具有奢华艳丽的装饰效果 ◎吸尘力强，厚重不易清洗 ◎不适合工薪阶层使用	◎客厅 ◎卧室	
纱帘	◎纱帘可以阻挡部分过强的光线，同时不影响采光，但不遮光 ◎很少单独使用，多与其他窗帘组合使用 ◎飘逸轻盈，美观凉爽，吸湿性好 ◎缩水易皱，易掉色	◎客厅 ◎卧室 ◎书房 ◎阳台	

名称	介绍	适用空间	图片
棉麻帘	◎棉麻帘是家居中最常用的一种窗帘 ◎它易于清洗和更换，价格较低 ◎吸湿透气性能好 ◎光泽柔和，朴实自然 ◎花色较多，制作起来款式的可选择性也多 ◎缺乏弹性，清洗后易有褶皱，易缩水走形，容易褪色	◎客厅 ◎卧室 ◎书房	
雪尼尔帘	◎表面的花形有凹凸感，立体感强 ◎具有富丽堂皇的装饰效果，但价格比较高昂 ◎防风、除尘、隔热、保暖、消声 ◎具有调温、抗过敏、防静电、抗菌的功效 ◎吸湿性好，能吸收相当于自身重量20倍的水分，手感干爽 ◎打理不易，水洗后易变形、缩水	◎客厅 ◎卧室 ◎书房	
绸缎帘	◎质地细腻，具有华丽高贵的装饰效果 ◎含有真丝成分，价格高昂 ◎遮光力不强，垂坠感不强 ◎不适合水洗，不耐晒 ◎不加背衬只能使用半年左右 ◎不适合工薪阶层使用	◎客厅 ◎卧室 ◎书房	
塑铝帘	◎通常是制作百叶帘的主材 ◎遮光效果好 ◎款式少，装饰效果相对其他类型的窗帘来说较弱 ◎耐擦洗、耐潮湿 ◎不易变形，使用寿命长 ◎不能遮挡蚊虫	◎厨房 ◎卫浴间 ◎阳台	
木织帘	◎原料为藤、木、竹、苇等材料，通过编织手法制成的窗帘 ◎具有返璞归真的感觉，彰显风格和品味 ◎基本不透光，但透气性较好，适合自然风格的家居中使用 ◎装饰性强，除了做窗帘，还可悬挂作为隔断或墙面装饰等	◎客厅 ◎餐厅 ◎卧室 ◎书房 ◎阳台	

名称	介绍	适用空间	图片
真丝帘	◎材料为蚕丝，光泽度高 ◎它薄如蝉翼，却极具韧性 ◎悬挂后具有飘逸的视觉感受 ◎由于真丝不易染色，原材料得之不易，所以价格昂贵 ◎不易打理，适合干洗，水洗容易出问题 ◎十分娇嫩，不注意会造成起毛、发花	◎客厅 ◎卧室 ◎书房	
涤纶帘	◎防水防油，无毒凉爽，耐晒、耐酸碱 ◎具有富丽堂皇的装饰效果，但价格比较高昂 ◎防风、除尘、隔热、保暖、消声 ◎具有调温、抗过敏、防静电、抗菌的功效 ◎吸湿性好，能吸收相当于自身重量20倍的水分，手感干爽 ◎吸湿性、透气性、染色性能较差	◎客厅 ◎餐厅 ◎卧室 ◎书房 ◎阳台	

2 床垫

衡量人们是否拥有"健康睡眠"的四大标志是：睡眠充分、时间足、质量好、效率高，而床垫对睡眠质量有着非常重要的影响。床垫舒适与否除了与个人喜好有关外，主要取决于其材质，不同材质的床垫适合不同的人群。

床垫的材质及特点

名称	介绍	适用人群	图片
弹簧床垫	◎弹簧床垫的种类较多样，已经不仅仅是弹簧+海绵的组合，还发展出了弹簧+乳胶、弹簧+棕榈、弹簧+多层复合材质等多种款式 ◎能够均匀承托身体每部分，保持脊骨自然平直，使肌肉得到充分的松弛 ◎可以自行组合材料进行定制，选择适合自己的硬度和功能 ◎它的核心构件是弹簧，因此弹簧的质量是至关重要的	◎所有人群	

名称	介绍	适用人群	图片
棕榈床垫	◎全部由棕制成的床垫，主要原料有山棕丝和椰丝，前者原料为棕树，后者为椰壳 ◎天然、环保，不含化学成分 ◎山棕制成的床垫有一定的理疗效果，且软硬度比较适中，柔韧性特别好 ◎棕榈床垫透气性较好，无潮无霉 ◎回弹性好，好的棕榈床垫可以使用20年而不出现塌陷的现象	◎中老年人 ◎少年儿童	
乳胶床垫	◎乳胶床垫分为100%纯天然乳胶和合成乳胶两类，天然乳胶更舒适且无毒害，合成乳胶含有化学成分，不建议使用 ◎乳胶床垫整体感觉偏软，厚度常见有5厘米、8厘米和10厘米，但并不是越厚越好 ◎可杀菌，带有天然清香 ◎能够在压力点附近给予更贴合的支撑，提高睡眠质量	◎青年人 ◎中老年人 ◎少年儿童 ◎压力较大的人群 ◎易过敏人群	
水床垫	◎主要结构是装满水的水袋，被放在床框之中 ◎水床垫可以加热，还有一定的按摩作用 ◎有浮力睡眠、动态睡眠、冬暖夏凉、热疗作用等特点 ◎耐用，杀菌除螨，冬暖夏凉，有热疗作用 ◎价格较高，装满水后不易挪动，换放水麻烦	◎青年人 ◎中老年人 ◎对热疗有需求的人群 ◎易过敏人群	
磁床垫	◎是由能量磁、碳素板等特殊材料制成的家庭保健用品 ◎有些款式还会与玉石结合使用 ◎原理为将电能转化为热能，而后通过磁热进行理疗 ◎有改善微循环、生理功能恢复、提高人体免疫力等作用	◎中老年人	
记忆棉床垫	◎又叫慢回弹海绵、惰性海绵、零压绵、太空绵等，可以吸收并分解人体的压力，给予身体有效的支撑 ◎经医学证实，能够有效缓解骨骼肌肉疼痛，辅助治疗颈椎及腰椎问题，提高睡眠质量 ◎特有的材质可以很好地抑制细菌和螨虫的生长，且具有很好的透气性	◎青年人 ◎中老年人 ◎少年儿童 ◎压力较大的人群 ◎易过敏人群	

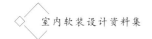
3 床褥

多数家庭都会选择床褥加床垫的铺设方式，所以床垫主要起到的是支撑作用，而与人体接触频繁的却是床褥。床褥的厚度通常较薄，常见的有棉、竹炭、珊瑚绒、羊毛、乳胶等几种，其中乳胶床褥与乳胶床垫的特征相同，其他几种各有优劣，可根据需求选择。

床褥的材质及特点

名称	介绍	适用人群	图片
棉床褥	◎内里为棉花，拆卸方便，易于晾晒、清洗 ◎天然柔和，皮肤接触无刺激，保暖性好 ◎无异味、无漂染、无污染、无任何添加物 ◎具有极强的吸湿性，在夜晚可以有效地吸收人体排出的水分和气味 ◎需要经常晾晒，受潮容易板结	◎对保暖性要求较高的人群	
竹炭床褥	◎采用最新工艺结合现代科学的方法精制而成 ◎具有吸潮、防潮、净化空气、杀菌、放射远红外线功能 ◎对人体有很好的保健作用，特别是对风湿性疾病、寒冷潮湿引起的腰酸背痛有着良好的保健功效	◎潮湿地区的人群 ◎有风湿疾病和腰酸背痛的人群	
珊瑚绒床褥	◎不褪色、不缩水、不起球 ◎对皮肤无任何刺激，不过敏 ◎质地细腻，手感柔软、顺滑，容易洗涤 ◎外形美观，透气、吸湿性强 ◎图案美观，具有防滑性能，无毒环保 ◎内部填充优质纤维，软硬适中	◎所有人群	
羊毛床褥	◎填材料为100%羊毛，吸湿、排汗 ◎羊毛可以将水分吸收到自身的纤维中，从而保持表面的干爽，减少细菌和尘螨的滋生 ◎保暖御寒，天然环保 ◎不易产生静电，所以不会黏附灰尘和污垢 ◎羔羊毛品质最好，但价格较高	◎睡眠时容易出汗的人群 ◎对保暖性要求较高的人群	

4 被芯

被芯的种类很多，常见的有棉被、纤维被、蚕丝被、羊毛被以及羽绒被。棉被是最传统、使用频率较高的一种，而近年来，随着生活水平的提高，蚕丝被和羽绒被也开始深受人们的喜爱。被芯的选择不仅可以从喜好方面来挑选，还可以从功能性入手，对健康有辅助作用。

被芯的材质及特点

名称	介绍	适用人群	图片
棉花被	◎棉纤维细度较细，有天然卷曲，截面有中空腔，所以保暖性较好 ◎轻便，易打理，透气性优秀 ◎棉花为纯植物纤维，不会发生静电现象，无营养成分，不会滋生细菌 ◎需要经常晾晒	◎对保暖性要求较高的人群	
多孔纤维被	◎由人工合成纤维制成，可分为四孔被、七孔被、九孔被等，孔越多保暖性越佳 ◎结实耐用，弹性好，易洗快干，可机洗 ◎耐日光、耐摩擦，不霉不蛀 ◎有良好的电绝缘性能 ◎抗溶性特别差，吸湿性差	◎喜欢最优性价比的人群	
蚕丝被	◎富含人体必需的氨基酸，对人体有滋养功能，可以促进皮肤的新陈代谢 ◎纯天然动物蛋白质纤维，被人们称为"纤维皇后" ◎可以使皮肤自由地排汗、呼吸，保持皮肤清洁，保暖效果也较好，令人倍感舒适	◎希望美肤的人群 ◎睡眠爱出汗的人群	
羊毛被	◎采用经过筛选、除尘、消毒等工艺加工过的羊毛为填充物制成 ◎羊毛有着独特的绝热性，其自然的弹性卷曲可有效保留空气并使之均匀分布在纤维间 ◎耐用、轻柔、舒适 ◎可适用于多种气候的睡眠要求	◎对保暖性要求较高的人群 ◎哮喘病或呼吸道敏感人群	

名称	介绍	适用人群	图片
羽绒被	◎羽绒被芯能够在睡眠时吸收身体散发出来的水蒸气，并将它排出体外，使人体保持在恒温的状态下 ◎透气性和舒适性也很好 ◎重量轻，却非常保暖 ◎如果不是非常高档的羽绒被，里面的羽毛可能会掉出来，导致易过敏人群过敏	◎青年人群 ◎中青年人群	

5 枕芯

　　睡眠质量不佳会引发颈椎病、抑郁症、脑供血不足等疾病，如果选择了不适合自己的枕头，睡眠后不仅得不到很好的休息，还会感觉非常疲累。决定枕头舒适度和适合程度的关键就在于它的内部材料，不同的人群宜根据自身情况选择不同材料的枕芯。

枕芯的材质及特点

名称	介绍	适用人群	图片
决明子枕	◎决明子性微寒，略带青草香味 ◎颗粒质感坚硬，可对头部和颈部穴位进行按摩 ◎对肝阳上亢引起的头痛、头晕、失眠、脑动脉硬化、颈椎病等，均有辅助治疗作用 ◎具有明目、润肠通便、降压、降低血清胆醇等功效 ◎有凉爽特性，夏天使用特别舒适	◎保健人群 ◎有对应疾病希望得到改善的人群	
乳胶枕	◎乳胶枕价格比较昂贵，质地较柔软 ◎弹性好，不易变形，支撑力强 ◎乳胶枕对于骨骼正在发育的儿童来说，可以改变头形 ◎不滋生细菌，不会有引发呼吸道过敏的灰尘、纤维等过敏源 ◎有的乳胶枕制作时会带有颗粒，具有按摩和促进血液循环的效果	◎少年儿童 ◎喜欢软枕的人群 ◎易过敏人群	

名称	介绍	适用人群	图片
荞麦枕	◎荞麦是天然材料，非常环保 ◎具有坚韧不易碎的菱形结构 ◎可以随着头部左右移动而改变形状 ◎具有芳香开窍、活血通脉、镇静安神、益智醒脑、调养脏腑、调和阴阳等作用 ◎冬暖夏凉，永不变形 ◎可塑性较差，很难贴合人体曲线	◎中老年人	
寒水石枕	◎以寒水石为填充物作枕芯的枕头，有片状和整体石雕两类，前者更符合现代人使用习惯 ◎寒水石性寒，吸湿热，有助眠功效 ◎清热降火，利窍消肿，抑制咽喉肿痛 ◎可以改善高血压、偏头痛和中风流鼻血 ◎集磁疗、理疗和药疗为一体 ◎可以在睡眠中同时养生	◎适合有保健需求的人群	
羽绒枕	◎蓬松度较佳，可提供给头部较好的支撑，不易变形 ◎保温性高，羽绒球状纤维上密布细小气孔，能随气温变化而收缩膨胀，产生调温功能 ◎质轻、透气、不闷热 ◎不好清洗，容易滋生细菌 ◎使用寿命仅为1~2年	◎喜欢超柔软枕头的人群	
记忆棉枕	◎能够吸收冲击力，枕在上面时感觉好像浮在水面或云端，感觉没有压迫 ◎记忆变形，自动塑形的能力可以固定头颅 ◎减少落枕可能，可以有效地预防颈椎问题 ◎可以抑制霉菌生长，驱除霉菌繁殖生长产生的刺激气味 ◎吸湿性能绝佳，透气性较佳	◎青年人 ◎中青年人 ◎少年儿童 ◎有颈椎问题的人群	
木棉枕	◎木棉是木本植物攀枝花树果实中的天然野生纤维素，自然环保 ◎可祛风除湿、活血止痛 ◎纤维中空度高达86%以上，远超人工纤维的25%~40%和其他任何天然材料 ◎超保暖，天然抗菌，不蛀不霉 ◎纤维超短超细超软，以印尼一级木棉为佳	◎适合有保健需求的人群 ◎易过敏人群	

6 床品套件

　　床品套件通常包括床单、床笠或床裙、被套、枕套、床盖等，它们是配套使用的，所以材料组合上大多数情况下都是一样的。床品套件虽然主要是起到美观作用的，但由于直接接触肌肤，其材料的舒适性也是不可忽视的。

床品套件的材质及特点

名称	介绍	常见类型	图片
纯棉床品	◎具有较好的吸湿性，柔软而不僵硬 ◎透气性好，与肌肤接触无任何刺激，久用对人体有益无害 ◎方便清洗和打理，价格适中 ◎衡量纯棉床品的品质，其中一个标准就是它的支数，通常来说，支数越高越舒适	◎普通棉 ◎埃及棉 ◎长绒棉 ◎PIMA棉 ◎海岛棉	
贡缎床品	◎贡缎是一种精梳织物，手感厚实 ◎表面光滑、细腻，手感柔软，色泽亮丽 ◎具有良好的弹性和紧密的质地，不易变形，有正反面之分 ◎密度高，有反光效果，效果类似于绸缎	◎条纹 ◎格纹 ◎小提花 ◎大提花	
磨毛床品	◎又称为磨毛印花面料，属于高档精梳棉 ◎蓬松厚实，保暖性能好 ◎表面绒毛短而密，绒面平整，手感丰满柔软，光泽柔和无极光，保暖但不发热 ◎悬垂感强、易于护理 ◎采用活性印染，颜色鲜亮，不褪色、不起球	◎普通磨毛 ◎水磨毛 ◎碳水刷毛	
莫代尔床品	◎莫代尔是一种纤维，原料为欧洲的榉木 ◎柔软光洁，色泽艳丽，悬垂感好 ◎有真丝般的光泽和手感 ◎可以自然降解，环保健康 ◎容易保持干爽、透气，对人体的循环系统和新陈代谢有一定的益处	◎平纹 ◎小提花 ◎大提花 ◎印花	

名称	介绍	常见类型	图片
竹纤维床品	◎竹纤维面料是当今纺织品中科技成分最高的面料 ◎以天然毛竹为原料，经过蒸煮水解提炼而成 ◎竹纤维面料制成的床品亲肤感觉好，柔软光滑，舒适透气 ◎可产生负离子及远红外线 ◎能促进血液循环和新陈代谢	◎100%竹纤维 ◎竹纤维+棉混纺	
真丝床品	◎真丝的吸湿性、透气性好，静电性小 ◎有利于防止湿疹、皮肤瘙痒等皮肤病的产生 ◎价钱略高，一般在一千元左右 ◎手感非常柔软、顺滑，带有自然光泽 ◎适合干洗，水洗容易缩水 ◎真丝制成的套件非常耐磨，不容易起球、不会掉色	◎桑蚕丝 ◎柞蚕丝 ◎蓖麻蚕丝 ◎木薯蚕丝	
亚麻床品	◎麻类纤维具有天然优良特性，是其他纤维无可比拟的 ◎具有调温、抗过敏、防静电、抗菌的功能 ◎亚麻的吸湿性好，能吸收相当于自身重量20倍的水分，所以亚麻床品手感干爽 ◎纤维强度高，不易撕裂或戳破 ◎有良好的着色性能，具有生动的凹凸纹理	◎纯亚麻 ◎棉麻混纺	
法莱绒床品	◎法莱绒俗称法兰绒，是经过缩绒、拉毛等系列工序制作而成，不露织纹，表面覆满绒毛 ◎面料厚实，毛绒的密度高且扎实，不易掉毛 ◎手感柔软、平整、光滑、舒适，具有非常好的保暖性 ◎整体性能优于珊瑚绒，所以套件多采用法莱绒制作	◎斜纹 ◎平纹	
天丝床品	◎天丝是一种纤维素纤维，绿色环保，堪称21世纪的绿色纤维 ◎具有非常高的刚性，良好的水洗尺寸稳定性，洗涤方便，易打理 ◎具有较高的吸湿性，触感滑润、凉爽 ◎光泽优美，手感柔软，悬垂性好，飘逸性好 ◎湿热条件下容易变硬	◎纯天丝 ◎天丝混纺	

7 地毯

地毯由于使用位置的关系，很容易吸纳灰尘和藏匿脏污，材料的选择就显得非常重要。常用的地毯材料有化纤、羊毛、混纺、毛坯和编织等，不同的材料脚感和打理难度也有很大区别，可以根据喜好、经济情况和使用空间的功能性结合起来选择。

地毯的材质及特点

名称	介绍	适合空间	图片
化纤地毯	◎化纤地毯也叫合成纤维地毯，又可分为丙纶化纤地毯、尼龙地毯等 ◎是用簇绒法或机织法将合成纤维制成面层，再与麻布底层缝合而成 ◎饰面效果多样，如雪尼尔地毯、PVC地毯等 ◎耐磨性好，富有弹性，价格较低	◎客厅 ◎餐厅 ◎卧室 ◎书房 ◎玄关 ◎阳台	
羊毛地毯	◎毛质细密，具有天然的弹性，受压后能很快恢复原状 ◎采用天然纤维，不带静电，不易吸尘土，具有天然的阻燃性 ◎图案精美，不易老化褪色 ◎吸音、保暖、脚感舒适	◎客厅 ◎卧室 ◎书房	
混纺地毯	◎由毛纤维和合成纤维混纺制成的，价格较低，使用性能有所提高 ◎色泽艳丽，便于清洗 ◎克服了羊毛地毯不耐虫蛀的缺点，具有更高的耐磨性 ◎吸音、保湿、弹性好、脚感好	◎客厅 ◎餐厅 ◎卧室 ◎书房 ◎玄关 ◎阳台	
毛皮地毯	◎由整块毛皮制成的地毯，最常见的是牛皮地毯，分天然和印染两类 ◎脚感柔软舒适，保暖性佳 ◎装饰效果突出，具有奢华感，能够增添浪漫色彩 ◎价格较高昂，不易打理	◎客厅 ◎卧室 ◎书房	

名称	介绍	适合空间	图片
编织地毯	◎由麻、草、玉米皮等材料加工漂白后编织而成的地毯 ◎拥有天然粗犷的质感和色彩，自然气息浓郁，非常适合搭配布艺或竹藤家具 ◎易脏，不易保养，经常下雨的潮湿地区不宜使用	◎客厅 ◎卧室 ◎书房	

8 桌布、桌旗

桌布和桌旗属于桌面装饰性织物，同时还能起到保护桌面、延长家具使用寿命的作用。不同材质的桌布、桌旗具有不同的特点，适用空间也不同，了解它们的特点有利于更好地运用。

桌布、桌旗的材质及特点

名称	介绍	适合空间	图片
棉麻桌布、桌旗	◎以棉麻为材料制成的桌布、桌旗，有纯棉、棉麻混纺、亚麻等几种类型 ◎质感好，手感柔软，却非常耐磨、耐用 ◎天然环保，花色多，吸水性较好 ◎色彩绚丽，时尚大方 ◎易吸纳食物的味道，需经常清洗	◎客厅 ◎餐厅 ◎卧室 ◎书房	
涤纶桌布、桌旗	◎纤维的强度比棉花高近1倍，结实耐用 ◎是合成纤维中耐热性和热稳定性最好的 ◎弹性接近羊毛，耐皱性超过其他纤维 ◎吸水回潮率低，绝缘性能好 ◎摩擦产生的静电大，装饰效果较差	◎客厅 ◎餐厅	
绸缎桌布、桌旗	◎绸缎桌布、桌旗具有华丽高贵的装饰效果 ◎能够展现居住者的品位和身份地位 ◎绸缎含有真丝，更适合干洗，不能摆放温度高的物品，容易变形 ◎不适合工薪家庭使用，打理困难，寿命短	◎客厅 ◎卧室 ◎书房	

织物的图案与效果

窗帘、地毯等织物类软装饰的图案同样能够对空间整体的装饰效果产生影响。在同一个居室空间中，我们能够发现，即使是同样色彩组合的壁纸，选择竖条纹和横条纹、大花和碎花，对空间产生的影响是不同的。

1 大花纹缩小空间

大花纹的窗帘、地毯等，具有压迫感和前进感，能够使房间看起来比原有面积小，特别在此类花纹采用前进色或膨胀色时，此种特点会发挥到极致。

当居室的面积比较小时，就需要慎用此类花纹的织物；反之，当空间面积很宽敞甚至有些空旷时，就可以采用此类织物做调节。

2 小图案扩展空间

小图案的窗帘、地毯等织物，具有后退感，视觉上更具纵深，相比大图案来说，能够使房间看起来更开阔，尤其是选择高明度、冷色系的小图案，能最大限度地扩大空间感。

此类织物特别适合用在感觉非常拥挤的房间内，能够彰显宽敞感。

3 竖向花纹调节宽度

竖向条纹的图案强调垂直方向的趋势，能够从视觉上使人感觉竖向的拉伸，从而调节居室整体的比例，但它的作用与图案方向是相反的。体现在织物的运用上，当窗或房间宽度较短时，就非常适合使用竖条纹的大面积织物进行调节，如窗帘、地毯或床品。

4 横向花纹调节高度

横向条纹的图案强调水平方向的扩张，能够从视觉上使人感觉墙面长度增加，但同时也会让房间看起来比原来矮一些，所以横向花纹更适合高度很高比例上不舒适的房间，能够通过使用横向花纹的窗帘、地毯等，减低竖向的高度。这种作用在立面上要更显著一些。

不同织物
的运用
技巧

织物的种类、材料、风格都对织物的布置有一定的影响。而除了这些因素外，根据织物类型的不同，在面对不同空间和不同摆放方式上，还有一些小的技巧，能够让织物与空间的整体风格、色彩或功能性等方面更协调、更实用。

1 不同空间中窗帘的运用

家居中通常有很多个功能区，包括客厅、餐厅、卧室、书房等，每个空间由于面积和所用家具会有一些不同，所使用的窗帘款式、材料、花色等也宜进行一些区别对待。

客厅窗帘

客厅通常是家居中面积最大的区域，窗的面积也比较大，选择窗帘时，可以选择防晒效果较好的类型，如果日照很强，内部可配纱帘。同时，如果想要追求华丽的感觉，适合选择丝绒、提花、绸缎等面料；如果追求温馨感，可以选择棉麻或朴实一些的混纺材料。

款式上，客厅适合使用落地帘，来塑造大气的感觉。需要注意的是，窗帘是客厅中面积较大的织物，所以它的材质和色彩应与空间硬装或大件家具相协调，以形成统一的感觉，避免混乱。

餐厅窗帘

　　家居餐厅难免会有一些油烟和烹饪时产生的味道，建议选择方便清洁的材料，棉麻、混纺、铝合金等均可。款式的选择上，可以根据餐厅的面积来搭配，如果是小餐厅，可以使用罗马帘、百叶帘等；如果面积较宽敞，可以和客厅一样使用落地帘，一般来说，无须用纱帘，单层即可。

书房窗帘

　　书房需要静谧一些的环境，但不需要太多啰唆的装饰，所以简洁一些的款式、棉麻或竹木类的材质是比较合适的，例如卷帘、百叶帘或柔纱帘。如果喜欢垂坠感，也可以选择款式简单一些的落地帘。为了避免阳光过于刺眼，可搭配一层纱帘。

卧室窗帘

　　为了让睡眠品质更高，卧室适合选择遮光性佳且隔音效果较好的窗帘，例如植绒、棉麻等材料。通常来说，布料越厚吸音效果越好。如果是欧式卧室，还可直接使用百叶窗。窗帘容易吸纳灰尘，如果是儿童房，则建议选择易清洗的材料。

厨卫窗帘

　　厨房油烟较重，卫浴间则比较潮湿，所以适合选择防水、防油烟、易清洁的窗帘，还可以直接用百叶窗代替窗帘；如果注重装饰效果，还可以选择较易清洗的混纺或棉麻材料的卷帘。

2 抱枕的摆放方式

靠枕通常都是成组出现，用在沙发、床或飘窗等处。对于一组装饰来说，摆设方法非常重要，即使是同样花色的靠枕，采用不同的摆放方式，装饰效果是有一些区别的。

对称摆法

在将要摆放靠枕的场所上找一条中线，左右两侧的靠枕无论是花色还是尺寸均成对称式摆放，就是对称摆法。这种摆放方式最简单大气，也最保守不容易出错。在进行操作时，可以根据场所的长度具体选择数量，常用的有 **1+1**、**2+2**、**3+3** 等组合方式。

非对称摆法

这种摆放方式比较活泼，具有变化但又不容易显得凌乱。当靠枕所在的背景和靠枕的颜色较素净时，就可以采用这种摆放来增添活跃感。统一使用一种尺寸的靠枕，更容易获得协调感。当花色完全相同时，两侧数量可不同；当花色不同时，可以如上摆放，也可以对称摆放。

多层摆法

当摆放靠枕的场所进深比较深的时候，只有一层靠枕就难以满足倚靠时的舒适度，此时就可以采用多层式的摆放，从内向外多摆放几层靠枕。通常来说，里层的靠枕尺寸应大一些，越向外越小，不仅层次分明、美观，使用起来也更舒适。

3 床品的运用

床品是卧室中面积比较大且占据中心位置的织物，如果搭配得不好，不仅不美观，反而会起到相反的作用，让卧室显得很凌乱。实际上，床品的运用是有一些小技巧可以参考的。

与居室风格一致

根据卧室的风格来选择对应色彩、图案的床品，最容易获得协调的视觉效果。例如田园风格选择格纹、碎花的床品，现代风格选择抽象几何图案的床品等。

与其他软装成系列

当墙面的颜色较素净没有明显的风格倾向时，可以选择与窗帘等其他软装同系列花纹或色彩有相同部分的床品，来塑造协调统一的效果。

从墙面或家具中取色

如果想要做一些混搭，不想与卧室整体保持风格的一致，为了保证效果的协调性，还可以从家具或墙面上取一种色彩，让其呈现在床品上。

与床头造型呼应

如果选择的床床头非常有特点，具有非常突出的风格走向，而墙面造型反而没有明确的风格，床品就可以呼应床头的设计，来强化这种装饰效果。

4 不同空间中地毯的运用

除了窗帘和床品外，另一个占据面积比较大的软装就是地毯。很多人都会选择铺设比较素雅一些的地砖，这时候铺设一块地毯就可以让地面温暖起来，但地毯铺设也是很有讲究的。

客厅地毯

首先，客厅地毯的色彩及图案可以根据客厅的面积来选择。比较紧凑的小户型客厅，建议选择一些跳跃色的地毯来转移人的视线，使用明快一些的块毯是不错的做法，为了避免混乱，可以在色彩上与沙发、窗帘或靠枕等有一些呼应；如果客厅的面积比较宽敞，地毯的选择上就没有特殊的限制，但选择大气、稳重一些的花色，会让人觉得更舒适。

现在大部分家庭使用的都是块毯，铺设区域通常是在沙发和茶几下方，在尺寸的选择上，就可以以这两部分为参考，例如客厅使用的是 3+1+1 或 3+2+1 的沙发组合，地毯的边缘应都能够被沙发的脚压到为宜，比例上更协调，还可以避免因发生倾斜、串位而让人摔倒。如果是一字形的沙发，则面向沙发的一面应让沙发脚压住，其他部分让茶几压住。

餐厅地毯

很多人对餐厅铺设地毯这件事很抵触，实际上，只要选择方便清洗的款式就可以。在餐厅摆放地毯，不仅可以美化环境、增添温馨感，还可以避免桌子、椅子的腿部在发生挪动时，直接与地面摩擦而产生刮痕、划痕等，延长地面材料的使用寿命。而在选择地毯的尺寸时，应将餐椅拉开后的空间考虑进去，整个区域铺设。

卧室地毯

卧室地毯可以从舒适度上来考虑。因为人流少，一些短毛的、长毛的厚实羊毛地毯是非常适合使用的，皮毛地毯也可以考虑。除了块毯，还可以整体铺设。

它的铺设位置可以根据形状来决定，如果是圆形或者不规则形状，可以放在床尾，也可以放在床的一侧；如果是长条形的，适合放在床尾，让两只床脚压住一部分。

玄关地毯

玄关空间使用的地毯除了美化空间外，更多的是让玄关保持整洁，让门外的人进入后有一个缓冲地带，避免让鞋底的尘土直接接触地面，所以适合选择容易清洗、打理且抗污性能高的化纤地毯或麻地毯。

因为玄关通常比较小，适合选择尺寸小一些，且厚度薄、具有防滑性能的款式。如果不防滑，则建议加一块防滑垫在下面。

过道地毯

过道内使用的地毯，适合采用长条形的款式，风格应与公共区统一。当过道比较昏暗时，可以使用明亮一些的地毯；如果阳光充足，则可以使用稳重的款式。

卫浴间地毯

卫浴间内地面很容易有水渍，铺设地毯一方面是为了装饰，一方面也是为了防滑，所以应注重防滑性能，尺寸不宜太大，色彩和图案可以突出一些。

5 餐桌桌布的运用

通常来说，餐桌的色彩都是比较单一的，给餐桌铺上一块桌布，不仅能够进一步美化餐厅环境，促进食欲，还能减少桌面的摩擦、烫伤，延长餐桌的使用寿命。

与餐厅风格统一

根据餐厅的风格来搭配桌布，往往能够事半功倍。通常来说，简约风格的餐厅适合选择无色系的桌布来体现风格特征，但如果墙面色彩过于素雅，也可使用亮色的桌布来活跃氛围；中式风格适合搭配一些带有中式元素的款式，例如回纹、青花瓷等，棉麻或丝绸面料最佳，追求华丽感还可以选择带刺绣的款式；田园风格适合格纹或碎花的棉麻桌布；蓝白色带有海洋元素的桌布则具有浓郁的地中海特征。无论哪种风格的餐厅，选择的桌布都不建议过于花哨，时间长了容易让人感觉腻烦。

与餐具统一或突出餐具

餐桌桌布还有一个不可分离的伙伴，就是餐具。在确定了桌布的风格后，在进行色彩选择时，如果比较注重细节，或者有非常精美的餐具，那么桌布的花色上可以与餐具呼应，进一步彰显品位。

如果餐具是白色或者是浅色，略显平淡时，还可以采用颜色深一些或活泼一些花色的桌布；若餐具色彩比较突出，就可以使用浅色或者淡雅一些的对比色与其形成色差，来互相衬托。

根据餐桌形状搭配桌布

桌布常见的形状有长方形、圆形和方形三种，在选择形状时，可以结合餐桌的形状来搭配。长方形餐桌适合搭配同形状的桌布，觉得单调，上方可再叠加一层桌旗或者餐垫；圆形的餐桌可使用圆形和正方形的桌布，底部可带有一些花边或刺绣，四周宜下垂 30 厘米左右更美观；方形的餐桌适合使用方形的桌布，若觉得单调，可以再叠加一层小的方形桌布，错角铺设，下垂 15 ～ 35 厘米较美观。

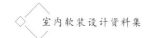

织物运用
案例解析

案例一

| 户型解析 | 两室两厅 | 家居风格 | 美式风格 |
| 主要织物材料 | 棉、麻、纱 | 主要织物色调 | 灰、白 |

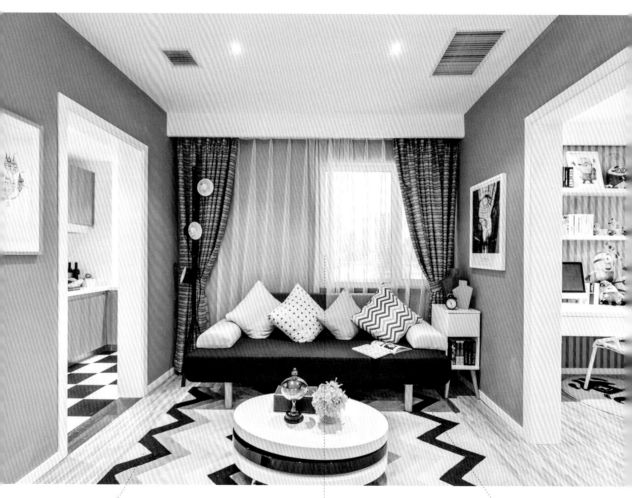

织物类型：地毯
织物色彩：黑色＋灰色＋淡黄
织物材质：混纺
织物图案：几何线条

织物类型：窗帘
织物色彩：白色＋灰色
织物材质：纱＋纯棉
织物图案：纯色＋格纹

织物类型：靠枕
织物色彩：白色＋黄色＋黑色
织物材质：纯棉
织物图案：纯色＋几何线条

织物类型：桌旗

织物色彩：蓝色

织物材质：混纺

织物图案：纯色

织物类型：窗帘

织物色彩：白色

织物材质：PVC

织物图案：纯色

TIPS

织物运用解析：

客厅墙面造型简单，所以使用的织物数量较多，材质上以棉麻为主呼应风格特征，色彩间均有呼应，来避免混乱。

织物运用解析：

　　主卧室窗较大，所以使用了双层落地式窗帘，色彩与墙面呼应。床品与窗帘色彩呼应的同时，加入了一些蓝色做变化。

织物类型：床品套件

织物色彩：白色 + 蓝色

织物材质：棉麻

织物图案：纯色

织物类型：窗帘

织物色彩：白色 + 灰色

织物材质：纱 + 纯棉

织物图案：纯色

织物类型：窗帘

织物色彩：白色＋黄色

织物材质：棉麻

织物图案：纯色

织物类型：床品套件

织物色彩：蓝色＋黄色

织物材质：纯棉

织物图案：卡通图案

TIPS

织物运用解析：

　　儿童房为了体现孩子的年龄特点，选择了一套黄色和蓝色组合的小黄人印花床品，为了避免混乱，窗帘以白色为主。

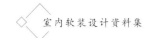

案例二

户型解析	别墅	家居风格	东南亚风格
主要织物材料	棉、麻、纱	主要织物色调	浅棕、白、绿

织物类型：地毯

织物色彩：多色拼合

织物材质：羊毛

织物图案：几何图案

织物类型：靠枕

织物色彩：白色＋绿色＋红色

织物材质：棉麻

织物图案：雨林元素

织物类型：窗帘

织物色彩：浅棕色＋绿色

织物材质：棉麻＋纱

织物图案：纯色＋雨林元素印花

TIPS

织物运用解析：

公共区的织物选择了东南亚风格中倾向于表现质朴感的棉麻布料，而图案则以雨林元素为主，彰显风格特点。

织物类型：床幔	织物类型：床品套件	织物类型：床幔	织物类型：地毯
织物色彩：白色	织物色彩：白色＋浅棕＋绿	织物色彩：白色	织物色彩：米色＋浅蓝＋绿
织物材质：纱	织物材质：棉麻	织物材质：纱	织物材质：羊毛
织物图案：纯色	织物图案：纯色	织物图案：纯色	织物图案：雨林元素

TIPS

织物运用解析：

　　主卧室和次卧室都使用了白色纱质床幔来烘托情调，搭配白色、浅棕和绿色组成的床品，清新而又淳朴。

TIPS

织物运用解析：

　　儿童房墙面非常具有特点，为了避免过于缭乱，布艺色彩均比较低调。床品选择了丝绸材质，可以减轻墙面色彩的重量。

织物类型：床品套件　　　　织物类型：地毯　　　　　　织物类型：窗帘

织物色彩：绿色＋浅棕＋白色　织物色彩：浅棕＋蓝色＋白色　织物色彩：白色＋浅棕

织物材质：棉麻＋丝绸　　　　织物材质：羊毛　　　　　　织物材质：纱

织物图案：纯色＋雨林元素　　织物图案：几何形状　　　　织物图案：条纹

第四章

室内软装元素
之
壁纸

WALLPAPER

壁纸在最早期的时候只是一种壁面装饰材料

随着技术的不断发展

壁纸的种类和花样也越来越多

不仅有常规性的壁纸，还有一些壁纸画

它的使用方式相对来说是比较简单的，且装饰性很强

所以将其划分到软装中

壁纸可以按照材质来分类，也可以按照风格来分类

每一种材料或风格都有其独特的特点

了解壁纸的这些知识以及运用技巧可以更好地美化家居空间

壁纸的常见风格解析

　　壁纸的花纹千变万化，有数不清的种类，很容易眼花缭乱，所以建议从居室的整体风格出发来挑选壁纸，这是最容易与硬装和其他软装获得统一、协调的效果的搭配方式。

1 中式风格壁纸

　　壁纸是比较新兴的产物，即使是中式传统风格中使用的也都是仿古的款式，所以中式壁纸和新中式壁纸特征是极其类似的。主要表现在图案的选择上，多以中国文化元素为主，尤其酷爱以字、石、砖、自然界的枯草、山水画、传统造型符号等为题材，新中式风格中偶尔还会使用抽象化的水墨元素。

2 现代风格壁纸

　　现代风格的家居中，家具、织物等其他软装饰都非常有特点，所以壁纸反而有些低调，色彩以黑、白、灰等无色系和棕色系最为常见。图案方面实际上没有限制，特点的表现重点在于色彩的组合和图案质感的呈现，通常来说，各类纯色暗纹、线条强的和抽象图案的款式是比较常见的。

3 简约风格壁纸

现代简约风格的壁纸，特点是线条简约流畅、新潮、简洁、大方，常见图案有圆圈、方框、竖条、曲线、非对称线条、几何图形或抽象图案等，除了这些带有图案的款式外，素色的带有一些质感纹理的款式也非常常见。

4 北欧风格壁纸

壁纸延续了北欧风格用色彩分界的特色，以平面式的壁纸为主，或素色或带有色彩拼合的几何图形，有时还会使用一些北欧特点的植物和动物，整体上可以分为黑、白、灰北欧和彩色北欧两类，彩色的壁纸饱和度都比较低，具有纯净感。

5 法式风格壁纸

法式是一种注重浪漫感的风格，所以壁纸上的形状和线条，都富有一种柔美而有型的味道，色调也是浓郁而淡雅的，常见的色彩有暗金色、卡其色、孔雀蓝和亮银色等；花纹多采用对称的造型，总体上可分为两个派别，一是田园派，主要是各类植物花卉的图案；一是欧派，包括各类欧式图案、几何图案、烫金花纹饰面和纯色饰面等，两类图案可以单独使用，也可以组合使用。

6 美式风格壁纸

美式风格细化一些可分为乡村风格和现代美式两类，但壁纸的使用上分类并不是很明确，壁纸的色调整体以绿色、褐色系、蜂蜜色等最为常见，表现美式风格的朴实性。图案则可以选择各种具有美式韵味的花鸟、建筑、人物以及拼色条纹等。

7 欧式风格壁纸

富丽却典雅是欧式风格的主要特点，体现在壁纸上，会大量采用白色系与银白等色彩结合，若注重表现典雅感，低调的大地色壁纸也会使用。纹理上是非常具有辨识度的，如大马士革纹，通常用植绒材料表现。

8 地中海风格壁纸

地中海风格的壁纸色彩上以蓝色、白色、黄色为主色调，看起来明亮悦目，其中，蓝色和白色的组合是最经典的，具有极其干净、清爽的感觉。图案上以海洋元素为主，例如灯塔、船舵、船帆、贝壳、海星等，除了这些以外，具有地中海配色特点的条纹和格子壁纸也比较常用。

9 东南亚风格壁纸

东南亚风格是有其代表性元素的，例如自然的阔叶植物、鲜艳的花卉、源自于服饰设计的大花以及象征圣洁的孔雀和大象，这些元素同样会使用在壁纸上。色彩以浓郁的色彩为主，如深棕色，金色等；受到西式设计风格影响的浅色也比较常见，如珍珠色，奶白色等，给人轻柔的感觉。

10 田园风格壁纸

田园风格在崇尚自然的基础上，还有一点微微的甜美和浪漫感，色彩多以自然界中常见的绿色、粉色、红色等为主，这些色彩主要用在花纹上，底色则为白色或接近白色的淡色。图案延续了田园风格的一贯特点，各类碎花、草纹、格纹、条纹等是最常见的。

不同材质
壁纸的
特 点

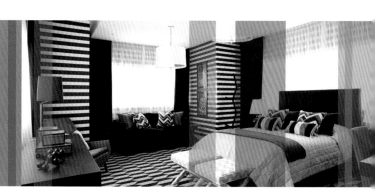

　　壁纸的种类越来越多，从最早期的 PVC 壁纸，到现在的 3D 壁纸，品种多样，适合不同的环境。不同材质的壁纸都有其独特的特点，有些壁纸适应性比较强，可以制作任何花色，而有些壁纸的使用则有限制。了解这些特点，可以更好地运用它们。

不同材质壁纸的特点

名称	介绍	适用空间	图片
无纺布壁纸	◎是目前国际上最流行的新型绿色环保壁纸材质 ◎原料为棉麻等植物纤维或涤纶、腈纶等合成纤维 ◎富有弹性，不易老化和折断，透气性和防潮性好 ◎擦洗后不易褪色，色彩和图案明快 ◎花色相对PVC来说较单一，色调较浅，以纯色或浅色系居多	◎客厅 ◎餐厅 ◎卧室 ◎书房 ◎过道	
PVC壁纸	◎以PVC为原料制成的壁纸，分为普通型、发泡型和功能型三类，现在的自粘壁纸多为PVC壁纸 ◎普通型主要是压花和印花款；发泡型表面有弹性花纹；功能型包括防火和防水两类 ◎有一定的防水性，表面污染后，可用干净的海绵或毛巾擦拭，花色较多	◎客厅 ◎餐厅 ◎卧室 ◎书房 ◎过道 ◎卫浴间	
纯纸壁纸	◎纯纸壁纸是全部由纸浆制成的，消除了化学成分，图案采用打印方式制作，环保健康 ◎手感光滑，触感舒适，颜色生动亮丽，对颜色的表达更加饱满，还可防潮防紫外线 ◎透气性能较强，耐磨损、抗污染、便于清洗，具有防裂痕的功能	◎客厅 ◎餐厅 ◎卧室 ◎书房	

名称	介绍	适用空间	图片
植绒壁纸	◎使用静电植绒法，将合成纤维的短绒植于纸基之上而制成的 ◎具有丝绒的手感和质感，不反光、不褪色 ◎图案立体，凹凸感强，有一定的吸音效果 ◎具有极佳的防火、耐磨特性 ◎表面是绒面的，所以比较容易粘灰尘，需要经常清理表面	◎客厅 ◎餐厅 ◎卧室 ◎书房	
木纤维壁纸	◎现代木纤维壁纸的主要原料都是木浆聚酯合成的纸浆，不会对人体造成危害 ◎环保性、透气性都是最好的，使用寿命也最长 ◎有相当卓越的抗拉伸、抗扯裂强度，是普通壁纸的8～10倍 ◎木纤维壁纸有一个可用刷子清洗并防液体和油脂的外表层，因此具有更卓越的耐擦洗能力	◎客厅 ◎餐厅 ◎卧室 ◎书房 ◎过道	
植物材料壁纸	◎这类墙纸由麻、草、木材、树叶等植物纤维制成，是一种高档装饰材料 ◎具有阻燃、吸音、透气的特点 ◎质感强，带有有编织的纹理 ◎古朴自然，素雅大方，生活气息浓厚，具有浓郁的质朴感 ◎比较容易吸灰，需要经常清理	◎客厅 ◎卧室 ◎书房	
金属壁纸	◎在一些基材上加上金属涂层制成的壁纸。家用金属壁纸很少使用闪闪发光的"土豪"壁纸，局部花纹镀金属的更常见 ◎质感强、空间感强、繁富典雅、高贵华丽，适合华丽的风格 ◎表面光滑，容易反光，底层的凹凸不平、细小颗粒都会一览无遗，因此对墙面要求较高	◎客厅 ◎餐厅 ◎卧室 ◎过道	
3D立体壁纸	◎严格来说，它属于PVC壁纸的一种，但它的纹路、缝隙等处的做工更立体 ◎款式和颜色都比较少，主要为各类仿砖纹理 ◎在一些经常需要用到白色砖墙的风格中，用它来代替，清理起来更方便，且不容易吸灰 ◎自带背胶，施工方便，环保性略差 ◎对基层要求低，不潮湿的任何界面都可以粘贴	◎客厅 ◎餐厅 ◎阳台	

装饰壁纸
的运用
技巧

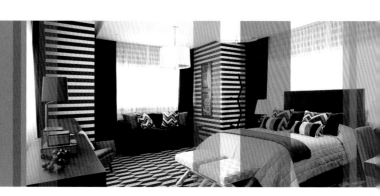

装饰墙纸装饰效果美观、时尚，种类繁多，越来越受到人们的欢迎，但也正由于它的图案色彩、材质纹理非常丰富，如果运用不当，不仅起不到彰显个性、增添气氛的装饰作用，反而会显得杂乱无章，破坏空间效果。

1 铺设方式由花型决定

壁纸的铺设方式有满铺、部分满铺和局部铺贴三种方式，可以结合壁纸的花型来选择。简洁、素雅的壁纸，可以整体铺贴或挑选一面墙满铺；如果是欧式华丽大花的款式，最适合与造型结合，局部铺贴；如果是田园风的碎花，铺设一面墙是不错的做法；条纹和格子可以满铺，也可以部分满铺。

2 根据房间采光选色彩

一般来说，光照充足的房间宜选用淡雅的浅蓝、浅绿等冷色调的壁纸，也可以适当加深一点，以中和光线的强度，但不宜大面积使用带反光点或是反光花纹的款式；光照不足的房间，适合选择暖色为主的款式，如奶黄、浅橙、浅咖啡等，或者选择色调比较明快的款式。

3 结合房间面积选花型

　　壁纸的花色直接影响空间气氛，有些花朵图案逼真、色彩浓烈，让人仿佛置身于花丛之中，这种壁纸适合搭配欧式古典家具，不适合现代简约风格；面积小或光线暗的房间，宜选择图案较小的壁纸，细小规律的图案能够增添居室秩序感，为居室提供一个既不夸张又不会太平淡的背景。

4 根据房间用途选择款式

　　客厅、餐厅是家居中集中的活动空间，可使用亮色及明快的颜色的壁纸让人的精神愉快起来；卧室需要温馨、轻松的感觉，饱和度较低的淡雅色调的壁纸就比较适合；儿童房中选择色彩明快的壁纸搭配一些卡通腰线，能够体现年龄特点；冷色调的壁纸可让人集中精神，适宜用在书房。

壁纸运用
案例解析

案例一

| 户型解析 | 两室两厅 | 家居风格 | 混搭风格 |
| 主要壁纸材料 | 纸、无纺布 | 主要壁纸色调 | 蓝、红 |

使用位置：电视墙

铺设方式：局部铺贴

壁纸色彩：白色＋红色＋蓝色＋黑色

壁纸材质：纯纸壁纸

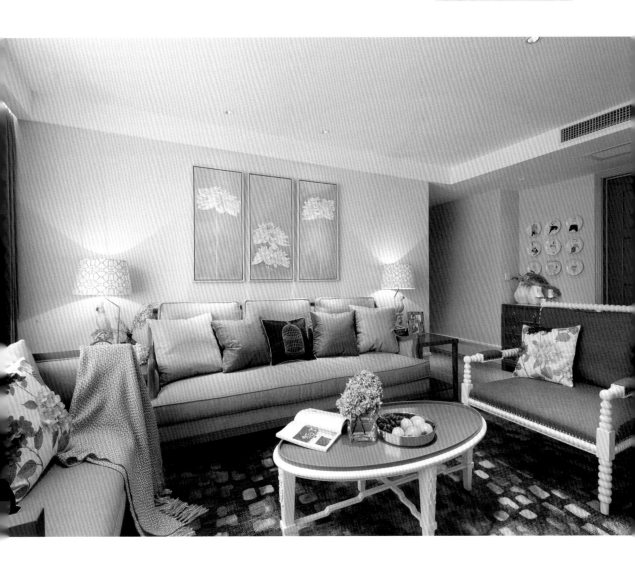

TIPS

壁纸运用解析：

　　客厅电视墙的壁纸色彩对比强烈，且花纹较缭乱，所以搭配了非常简洁的造型，既突出特色，又避免了混乱感。

　　由于电视墙的设计已经非常引人注目，所以沙发墙仅涂刷了墙漆，搭配一组装饰画，使客厅主次有序。

TIPS

壁纸运用解析：

餐厅和玄关背景墙均用仿木地板纹理的壁纸做主材，搭配不同明度的蓝色家具和墙面，清新而淳朴。

使用位置：餐厅背景墙
铺设方式：部分满铺
壁纸色彩：棕灰色
壁纸材质：无纺布壁纸

使用位置：玄关背景墙
铺设方式：局部铺贴
壁纸色彩：棕灰色
壁纸材质：无纺布壁纸

使用位置：主卧床头墙

铺设方式：部分满铺

壁纸色彩：黑色＋金色

壁纸材质：无纺布壁纸

使用位置：儿童房床头墙

铺设方式：部分满铺

壁纸色彩：淡蓝色＋粉色＋白色

壁纸材质：纯纸壁纸

TIPS

壁纸运用解析：

　　卧室根据使用者的不同，分别使用了人头像的复古壁纸和卡通壁纸，体现不同居住者的年龄特点。

户型解析	三室两厅	家居风格	法式风格
主要壁纸材料	无纺布	主要壁纸色调	米黄、淡蓝灰

使用位置：电视背景墙

铺设方式：局部铺贴

壁纸色彩：米黄色

壁纸材质：无纺布壁纸

使用位置：客厅墙面

铺设方式：局部铺贴

壁纸色彩：浅米灰色

壁纸材质：无纺布壁纸

使用位置：客厅沙发墙

铺设方式：局部铺贴

壁纸色彩：浅米灰色

壁纸材质：无纺布壁纸

TIPS

壁纸运用解析：

　　法式和欧式等欧系风格经常会做一些墙面造型，将壁纸与造型结合使用，代表性花纹放在重点位置，可以凸显风格特征。

使用位置：休闲区墙面　　　　　　使用位置：主卧室床头墙

铺设方式：满铺　　　　　　　　　铺设方式：部分满铺

壁纸色彩：淡蓝色＋米色　　　　　壁纸色彩：蓝灰色

壁纸材质：无纺布壁纸　　　　　　壁纸材质：无纺布壁纸

TIPS

壁纸运用解析：

　　休闲区和主卧室的壁纸呼应了客厅的整体墙面配色，用蓝色和米色组合，既有变化，又具有统一感和整体感。

TIPS

壁纸运用解析：

　　次卧室的壁纸配色仍然呼应整体，但图案略有变化，与客厅呼应，采用了花鸟图案，表现法式的浪漫感。

使用位置：次卧室墙面
铺设方式：部分满铺
壁纸色彩：淡米色
壁纸材质：无纺布壁纸

使用位置：次卧室床头墙
铺设方式：部分满铺
壁纸色彩：淡蓝色＋淡粉色＋浅棕色
壁纸材质：无纺布壁纸

第五章

室内软装元素
之
花艺

FLOWER

花艺是用鲜花、绿植和其他仿真类花卉

通过一些造型手法的加工

对居室进行美化的一种手段

花艺能够美化环境，满足人们对审美的需求

同时还能够增添自然气息、净化空气

它看似简单

却需要很多设计知识的配合

是一门综合性的艺术

虽然体积不一定大，但却是不可缺少的一种软装饰

花艺的常见风格解析

花艺根据起源地点的不同，也有其独特的风格划分方式，根据花艺的风格搭配适合的家居风格，能够使花艺更好地融入到环境中，美观而又和谐。总的来说，花艺可以分为西方花艺和东方花艺两个类别，其中东方花艺又分为中式花艺和日式花艺，每一种风格的花艺造型和装饰效果均有很大的不同。了解这些特点，能够更好地用花艺来美化室内空间。

1 西方风格花艺

西方花艺起源于地中海沿岸，最早出现于公元前 2000 年时尼罗河文化时期，从古希腊直到罗马后期，经历了中世纪的文化停滞时期，十四至十六世纪才奠定了现代西洋式插花的基础。西洋式插花分为两大流派：形式插花和非形式插花，形式插花即为传统插花，有格有局，强调花卉之排列和线条，但不太适合家居；非形式插花即为自由插花，崇尚自然，不讲形式，配合现代设计，强调色彩，适合于日常家居摆设。

西方风格花艺介绍

1 总体注重花材外形，追求块面和群体的艺术魅力。

2 花材种类多，用量大，追求繁盛的视觉效果。

3 一般以草本花卉为主，布置形式多为几何形式，讲求浮沉型的造型，常见半球形、椭圆形、金字塔形和扇面形等。

4 色彩浓厚、浓艳，创造出热烈的气氛，具有富贵豪华的气氛，且对比强烈。

2 东方风格花艺

东方式插花是以中国和日本为代表的插花。中国插花在 **2000** 年前已有了雏形，在唐代开始在宫廷内盛行，于宋代在民间普及，在明朝达到鼎盛时期；日本花艺起源于六世纪，特使小野妹子到中国做文化交流亲善访问，将中国文化带回国，花艺开始兴盛，并逐渐发展出自己的风格和流派，如松圆流、日新流、小原流、嵯峨流等。

东方风格花艺介绍

1 东方插花更重视线条与造型的灵动美感，崇尚自然，追求朴实秀雅。

2 构图布局高低错落，俯仰呼应，疏密聚散，作品清雅流畅。

3 花枝少，着重表现自然姿态美，多采用浅、淡色彩，以优雅见长。

4 造型多运用青枝、绿叶来勾线、衬托，色彩以简洁清新为主。

不同材质
花艺的
特 点

　　花艺是一个创作的过程，在创作过程中，丰富的材料质感能够使作品的层次更丰富，这就需要用到不同材质的花材来制作。花艺的材料可以分为鲜花、干花、人造花、纸丝绸花和非植物性花材等。鲜花通常是单独使用的，其他几种则可以组合使用，每一种都有其不同的特点。

1 鲜花花艺

　　鲜花花艺是指自然界中有生命的花艺材料，包括各种鲜花、叶子等，是最常使用的花艺材料。

　　新鲜的花卉色彩自然、亮丽，带有自然的香气，在造型后，只要勤换水，精心地养护，还能够通过光合作用自主存活一定时期。

　　鲜花具有蓬勃的生命力，代表着一种自然美。它有很强的时令性，可以通过花艺让人感受到大自然的时序变化，可以根据季节及节日，更换适合的花材，烘托出合适的气氛。

　　鲜花花艺能够起到一定的空气净化作用，但它的保存时间相对来说是比较短的，需要经常更换，所以成本较高。

2 干花花艺

干花花艺是一种经过多道特殊工艺处理的植物，制作原料主要是草花和野生资源十分丰富的植物，保存时间较长。装饰效果介于鲜花和人造花之间，装饰性比较强，经过漂白后的干花可以重新染色，色彩较丰富。

3 人造花艺

人造花艺是人们使用塑料、网纱等合成材料，模仿鲜花制作的花艺。它做工精美，能够以假乱真，价格实惠且保存时间长；但造型比较呆板，没有自然的香气和季节性，容易吸灰，需要经常清洁。

4 纸、丝绸花艺

丝绸和纸质的花艺是介于天然材料和人造材料之间的一种花艺材料，质感和花样不如人造材料的种类多，很少单独使用，通常都是选择合适的数量加入到鲜花、干花或者人造花中使用，以丰富花艺的质感层次。

5 非植物性花艺

非植物性花艺常用的包括各种金属棒、玻璃管、吹塑、纤维丝、彩带、绳等。在插花的过程中，适当运用一些非植物性材料，通常能够获得意想不到的效果。

花艺的造型与效果

花艺整体上可以分为西方和东方两种风格，但每个风格中又包含了很多种代表造型，每一种造型的特点是不同的，有的小巧精致，有的则大气写意，占据的面积有区别，适合摆放的位置相应地也不同。

花艺的造型与效果

名称	介绍	适合位置	图片
半球形	◎属于西方花艺 ◎适合四面观赏的对称式花艺造型 ◎所用花材的长度基本一致，形成一个半球形 ◎没有明显的凹凸，柔和浪漫，轻松舒适 ◎花头较大，花器不突出 ◎适合点状花材，如玫瑰、康乃馨、太阳花等	◎茶几 ◎餐桌 ◎卧室装饰柜	
三角形	◎属于西方花艺 ◎花艺外轮廓为对称的等边或等腰三角形，下部最宽，越向上越窄 ◎结构均衡，形态优美，给人稳定、整齐的感觉 ◎多采用浅盆或矮花瓶做容器 ◎适合线状花材，如剑兰、彩虹鸟、绣线等	◎角几 ◎边几 ◎条案	
倒T形	◎属于西方花艺 ◎单面观赏对称式造型，整体造型类似于倒置的字母"T"的外形 ◎插法与三角形类似，但腰部较瘦 ◎花材集中在焦点附近，两侧花一般不超过焦点高度 ◎适合具有强烈线条感的花材	◎法式风格 ◎欧式风格 ◎美式风格	

名称	介绍	适合位置	图片
弯月形	◎属于西方花艺 ◎花型类似弯月，具有曲线美和流动感 ◎除了瓶花还可作为篮花，是生日花篮的常用造型 ◎适合弯曲一些的花材，带有自然弧度，不会破坏花材	◎窗台 ◎角几 ◎条案	
写景式	◎属于东方花艺 ◎与盆景类似的花艺造型形式，通常体积都比较大 ◎具有创造性和艺术性，较少用于家居中	◎靠墙区域的桌案 ◎盆景台	
平卧式	◎属于东方花艺 ◎用花数量相对较少 ◎没有高低层次变化，主要为横向造型 ◎疏密有致、别致、生动、活泼 ◎表现植物自然生长的线条、姿态、颜色方面的美感	◎靠墙区域的桌案 ◎盆景台	
直立式	◎属于东方花艺 ◎以第一枝花枝为基准，所有的花枝都呈现直立向上的姿态 ◎此类花艺高度分明，层次错落有致 ◎花材数量较少，表现出挺拔向上的意境	◎茶几 ◎餐桌 ◎条案 ◎卧室装饰柜	
下垂式	◎属于东方花艺 ◎主要花枝向下悬垂插入容器中 ◎具有俊秀挺拔之姿，最具生命动态之美 ◎具有柔美、优雅的感觉 ◎许多具有细柔枝条及蔓生、半蔓生的植物都宜用这种形式	◎较宽敞的台面、桌面上	
倾斜式	◎属于东方花艺 ◎造型方式为花枝向外倾斜插入容器中 ◎表现一种动态美感，比较活泼生动 ◎宜多选用线状花材，并具自然弯曲或倾斜生长的枝条，如杜鹃、山茶、梅花等	◎茶几 ◎餐桌 ◎条案	

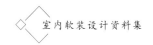

花艺的
色彩与
效果

插花的用色，不仅是对自然的写实，也是对自然景色的夸张升华。插花使用的色彩，首先要能够表达出插花人所要表现出的情趣，或鲜艳华美，或清淡素雅。其次，插花色彩要耐看：远看时，进入视觉的是插花的总体色调，总体色调应突出；近看插花时，要求色彩所表现出的内容个性突出，主次分明。

插花色彩的配置，具体可以从三个方面入手：一是花卉与花卉之间的色彩关系，二是花卉与容器之间的色彩关系，三是插花与环境、季节之间的色彩关系。正确掌握这三方面的关系，插花配色就能够得心应手。

1 花艺的重量和体感

花卉间的合理配置，应注意色彩的重量感和体量感。色彩的重量感主要取决于明度，明度高者显得轻，明度低者显得重。正确运用色彩的重量感，可使色彩关系平衡稳定。例如，在插花的上部用轻色，下部用重色，或者是体积小的花体用重色，体积大的花体用轻色。

色彩的体量感与明度和色相有关，暖色膨胀，冷色收缩；明度越高，膨胀感越强；明度越低，收缩感越强。在插花色彩设计中，可以利用色彩的这一性质，在造型过大的部分适当采用收缩色，过小的部分适当采用膨胀色。

2 花卉之间的色彩关系

花卉之间可以用多种颜色来搭配，也可以用单种颜色，但要求配合在一起的颜色能够协调。配色可以分为：近似色，如红色和黄色等，具有内敛感和雅致感；对比色，如绿色和红色、蓝色和黄色等，具有一些活泼感；多色组合，同时使用超过3种颜色的组合，是最活泼的一种搭配方式。

3 花艺的色彩调和

色彩调和是插花艺术构图的重要原则之一，也是插花创作成功与否的关键。在同一插花体中，若只使用一种色彩的花材，只要用相宜的绿色材料相衬托即可；若同时使用两三种花色时，则须对各色花材审慎处理，合理配置，才能充分发挥色彩效果，提高插花作品的艺术性。

4 根据季节配置花艺色彩

插花色彩还可根据季节变化来运用。春天里百花盛开，此时插花宜选择色彩鲜艳的材料；夏天可以选用一些冷色调的花，给人以清凉之感；秋天插花可选用红、黄等明艳的花作主景，与黄金季节相吻合，给人留下兴旺的遐想；冬天插花应该以暖色调为主，展现迎风破雪的勃勃生机。

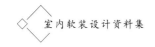

花艺的
最佳搭档
花 器

花材在做室内装饰时，不可能是单独存在的，一定需要有容器的搭配才能够使用。插花器皿品种繁多，数不胜数，以制器材料来分，有陶瓷、玻璃、编织、树脂、金属、塑料、竹木等类型。每一种材料都有自身的特色，作用于插花会产生各种不同的效果。花艺的造型构成及变化与所使用的器皿有直接的关系。

花器的常见种类

名称	介绍	适合风格	图片
陶瓷花器	◎陶瓷的品种极为丰富，或古朴或抽象，既可作为家居陈设，又可作为插花用的器具 ◎在装饰方法上，有浮雕、开光、点彩、青花、叶络纹、釉下刷花、铁锈花和窑变黑釉等几十种之多 ◎既有朴素的，也有华丽的，适用范围非常广泛	◎所有家居风格	
玻璃花器	◎室内常用花器之一 ◎常见有拉花、刻花和模压等工艺 ◎车料玻璃最为精美 ◎颜色鲜艳，晶莹透亮 ◎兼具实用性和装饰性 ◎透明玻璃容器比较简约，彩色玻璃容器品种更多，可以结合家居风格选择	◎所有家居风格	

名称	介绍	适合风格	图片
编织花器	◎编织花器是采用藤、竹、草等材料用编织的形式制成的花器 ◎具有浓郁的朴实感 ◎色彩较少，多为材料本色 ◎易于加工，形式多样，具有田园风情 ◎单独一层的编织花器是没有办法盛水的，所以更适合摆放干花或人造花	◎美式风格 ◎东南亚风格 ◎地中海风格 ◎田园风格	
树脂花器	◎树脂花器是利用树脂材质通过加工形成的各种造型的花艺容器 ◎硬度较高，款式多样，色彩丰富 ◎可以仿制任何材质的质感 ◎质地比塑料优良，性价比高 ◎高档的树脂花瓶同时也可以作为工艺品来使用	◎所有家居风格	
金属花器	◎金属花器是指由铜、铁、银、锡等金属材料制成的花器 ◎具有或豪华或敦厚的观感 ◎根据制作工艺的不同，能够反映出不同时代的特点 ◎亮面的金属花器具有华丽的观感，做旧处理的金属花器则比较质朴	◎所有家居风格	
塑料花器	◎塑料花器是最为经济的花器类型，价格非常低 ◎灵活轻便且色彩丰富，造型多样 ◎用于花艺设计有独到之处，可以与陶瓷器皿相媲美 ◎除了购买塑料容器外，还可以在日常生活中自制，为家居增添个性	◎简约风格 ◎现代风格 ◎北欧风格 ◎地中海风格 ◎田园风格	
竹木花器	◎原料为实木和竹，经过彩绘、萃彩、雕刻、仿古等工艺修饰做成花器 ◎此类花器造型典雅、色彩沉着、质感细腻 ◎不仅是花器，也是工艺品 ◎具有很强的感染力和装饰性 ◎由于原料的限制，款式变化较少	◎所有家居风格	

不同空间花艺的布置

不同的空间需要不同的氛围，花艺设计的侧重点和摆放位置也有所不同。家居中，经常需要布置花艺的空间有客厅、餐厅、卧室、书房以及玄关。在花艺的材料选择、造型设计等方面，可以结合喜好和空间的功能性区别对待。

1 客厅花艺的布置

客厅是家居空间中花艺布置的重点区域，花材持久性宜高一点，不要太脆弱。茶几、边桌、角几、电视柜、壁炉等地方都可以用花艺做装饰，在一些大物体的角落，如壁炉、沙发背几后也可以摆放。茶几上的花艺不宜太高，其他位置摆放的花艺可以在中线上稍偏一些。小型花艺、绿植可摆放在台面上，大型的可放在地面，如果觉得层次不够丰富，还可加入垂吊类。

2 餐厅花艺的布置

餐厅花艺主要摆放位置为餐桌，所以花艺的气味宜淡雅或无香味，以免影响味觉。餐桌上宜选用能将花材包裹的器皿，以防花瓣掉落，影响到用餐的卫生；花艺高度不宜过高，不要超过对坐人的视线。圆形的餐桌可以将花艺放在正中央，长方形的餐桌可以水平方向摆放。

3 卧室花艺的布置

卧室摆设的插花应有助于创造一种轻松的气氛，以便帮助人们尽快恢复一天的疲劳。花艺的花材色彩不宜刺激性过强，花型不宜过于复杂、华丽，以选用色调柔和的淡雅花材搭配简单的造型为佳。

4 书房花艺的布置

书房是学习研究的场所，需要创造一种宁静幽雅的环境，在小巧的花瓶中插置一二枝色淡形雅的花枝，或者单插几枚叶片、几枝野草，倍感幽雅别致。风铃草、霞草、桔梗、龙胆花、狗尾草、荷兰菊、紫苑、水仙花、小菊等花材均宜采用。

5 玄关花艺的布置

玄关花艺主要摆放位置为鞋柜或玄关柜、几案上方，高度应与人的视线等高，主要展示的应为花艺的正面，建议采用扁平的体量形式。花艺和花器的颜色根据玄关风格选择协调即可。

6 厨卫花艺的布置

在厨房和卫浴间中摆放一些花艺，能够提高生活品质，让人心情愉悦。这两个空间通常面积都不会很大，花艺适合摆放在窗台、橱柜台面、面盆及浴缸台面等处，不宜太高大，避免妨碍正常活动，色彩、造型宜与整体相协调。

花艺运用
案例
解析

案例一

户型解析 三室两厅 　　**家居风格** 欧式风格

主要花艺材料 鲜花、人造花 　　**主要花艺色调** 蓝、紫

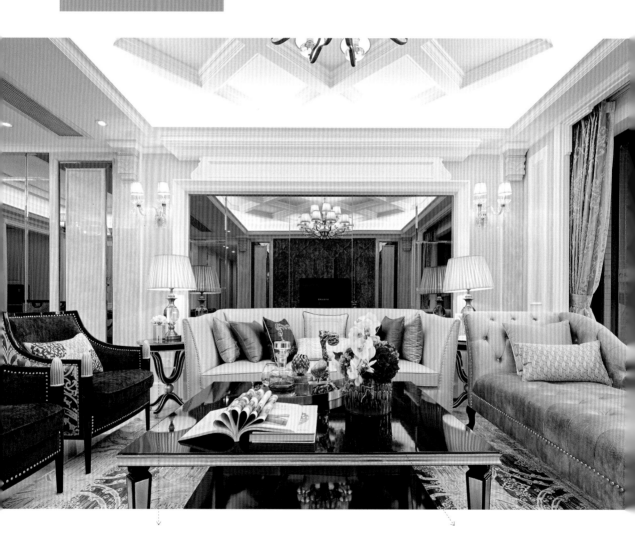

花艺风格：西方风格 　　　　　　花艺风格：西方风格

花艺色彩：白色 　　　　　　　　花艺色彩：白色＋紫色＋绿色

花艺材质：鲜花花艺 　　　　　　花艺材质：鲜花花艺

花器类型：玻璃花器 　　　　　　花器类型：玻璃花器

花艺风格：西方风格

花艺色彩：白色＋蓝色＋绿色＋金色

花艺材质：人造花艺

花器类型：陶瓷花器

TIPS

花艺运用解析：

客厅面积较大，在不同位置摆放小体积花艺，丰富层次感，烘托气氛。餐厅则摆放于餐桌上，与客厅花艺遥相呼应。

TIPS

花艺运用解析：

　　主卧室中，选择了小体积的花艺摆放在了一侧的床头柜上，与台灯形成高低错落的形式，既美化环境，又不会妨碍活动。

花艺风格：西方风格
花艺色彩：白色＋紫色＋绿色
花艺材质：人造花艺
花器类型：树脂花器

花艺风格：西方风格

花艺色彩：蓝色＋绿色

花艺材质：人造花艺

花器类型：陶瓷花器

花艺风格：西方风格

花艺色彩：白色＋紫色＋绿色

花艺材质：人造花艺

花器类型：陶瓷花器

TIPS

花艺运用解析：

　　儿童房的花艺摆放与主卧室相同，不妨碍孩子的正常活动。卫浴间中台面上的花艺经过镜面的反射，增添了华丽感。

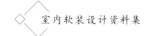

案例二

| 户型解析 | 两室两厅 | 家居风格 | 新中式风格 |
| 主要花艺材料 | 人造花艺 | 主要花艺色调 | 白、淡黄、绿 |

花艺风格：东方风格

花艺色彩：白色＋淡黄色＋绿色

花艺材质：人造花艺

花器类型：陶瓷花器

花艺风格：东方风格

花艺色彩：白色

花艺材质：人造花艺

花器类型：陶瓷花器

花艺风格：东方风格

花艺色彩：白色＋绿色

花艺材质：人造花艺

花器类型：陶瓷花器

花艺风格：东方风格

花艺色彩：白色＋淡黄色＋绿色

花艺材质：人造花艺

花器类型：陶瓷花器

TIPS

花艺运用解析：

公共区的花艺在整体上保持了色彩基调和风格的一致，造型上根据使用区域的不同，针对性地做了区分，统一而又具有层次。

花艺风格：东方风格

花艺色彩：白色

花艺材质：人造花艺

花器类型：陶瓷花器

花艺风格：东方风格

花艺色彩：白色

花艺材质：人造花艺

花器类型：陶瓷花器

TIPS

花艺运用解析：

主卧室中的花艺分别摆放在了不妨碍活动的靠窗一侧和床头柜上，色彩和风格与公共区做了呼应。

TIPS

花艺运用解析：

　　厨房和卫浴间内的花艺均摆放在了角落的位置上。花艺的色彩与公共区呼应，瓶器的色彩略做变化。

花艺风格：东方风格
花艺色彩：白色＋淡黄色
花艺材质：人造花艺
花器类型：陶瓷花器

花艺风格：东方风格
花艺色彩：白色＋绿色
花艺材质：人造花艺
花器类型：陶瓷花器

第六章

室内软装元素
之
工艺品

ARTWARE

如果说花艺是调节情调、增添自然气息

不可少缺少的软装元素

那么工艺品就是家居中体现品位不可缺少的软装

工艺品涵盖的范围非常广泛

不仅是人们所熟知的摆件，实际上还包括各类挂件

品种丰富、造型多样

所以在选择工艺品时，需要掌握一定的原则

不宜毫无章法地堆砌

少而精才能体现品位且具有艺术感

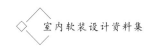

工艺品
的常见
种类

工艺品并非室内装饰的必备品，却是活跃氛围且展现居住者品位不可缺少的一种软装饰，缺少了工艺品会让人感觉非常乏味，使空间整体装饰缺乏层次感。工艺品的种类很多，常用的有装饰镜、盘类、摆件以及挂毯壁挂等，既可以悬挂也可以摆放，可根据需要选择。

1 装饰镜

镜子最早期产生时仅为了满足人们整理仪容的需求，随着时代的进步，镜子的造型越来越多，不仅实用，还具有装饰性。使用装饰镜不仅能够掩盖户型的缺点、扩大面积，还能烘托氛围。作为装饰作用时，镜子的颜色及造型应与家居空间的墙面、家具等装饰元素的风格相协调，才能够使人产生共鸣。

2 盘类

在中国古代时期就有将盘子作为工艺品做装饰的先例，例如青花瓷盘。将艺术盘类作为工艺品不仅美观，还具有一定的趣味性和艺术性。它可以悬挂，也可以摆放，用途很多。装饰盘的造型比较少，以圆形为主，材质不仅限于陶瓷，还有木盘等。画面非常丰富，一些手绘的款式，不仅美观，还具有收藏价值。

3 摆件

所有类型的工艺品中，各种摆件是最常见的，也是人们最熟知的一种。摆件的色彩、造型和风格多样，使用灵活，按照尺寸可以分为大、中、小三类，分别适用于不同面积的户型和位置使用。

通常来说，大型摆件都是单独使用的，放在空间的中心位置上，来强化风格特征；中、小型摆件则多放在台面、柜、格架之上，多组合使用，用来丰富空间层次，展现居住者的品位。

4 挂毯、壁挂

挂毯和壁挂都属于悬挂的工艺品，挂毯的尺寸要大一些，主要是由织物构成，题材广泛，如山水、花卉、走兽、人物以及建筑等，具有艺术价值；壁挂的尺寸较小，材料种类较多，例如金属、实木、草编等，除了挂盘和挂镜外的一切悬挂的工艺品都可以归纳到壁挂里。

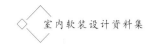

工艺品
常见风格
解析

工艺品是可以混搭的，比如简约风格的工艺品也可以用在现代风格或现代美式风格中，但这是需要有一定功底的。通常情况下，选择与居室整体风格相符的工艺品，更容易获得舒适、协调的效果，因此，了解每种风格工艺品的特征是必要的。

1 中式风格工艺品

中式风格的工艺品具有古典特色，多以中国传统的人物、山水、花鸟等为造型基础；材料因技术和原料的限制，主要以各种实木、编织材料、陶瓷和玉石、石材为主，例如木雕和青花瓷等。除常规性的工艺品外，传统的屏风、横屏、牌匾甚至是文房四宝等，都可作为工艺品使用。

2 新中式风格工艺品

新中式风格的工艺品是将古典元素与现代工艺结合的成果，材料不再限制于陶瓷、实木、石材和藤竹，也会使用玻璃、金属等现代材质。整体上具有中式神韵，如新中式烛台、孤灯、将军罐、鸟笼及装饰镜等。色彩的设计更丰富，除了沉稳的木色外，黑、白、灰和各种彩色也很常见。

3 现代风格工艺品

现代风格的工艺品多采用夸张的立体几何结构或抽象造型。材料以金属和玻璃最具代表性，陶瓷、石材以及各种柔和的木料也较常用。色彩具有代表性的是无色系，包括黑、白、灰、金、银以及棕色或鲜艳的纯色。

4 简约风格工艺品

现代简约风格的工艺品秉承着简约的精神，线条简洁、利落，但具有大气的神韵。材质以玻璃、金属或者陶瓷等为主，单独使用或组合使用。色彩则多为黑白灰或高纯度彩色，例如蓝色、红色等。

5 北欧风格工艺品

北欧风格的工艺品造型简洁，具有极简主义特点。造型常见为简洁的几何造型或各种北欧地区的动物，材料以木和陶瓷最具代表性，偶尔也会使用金属和玻璃等材料。色彩多为无色系的黑、白和浅木色。

6 法式风格工艺品

法式风格工艺品具有明显的法式民族特征，可以分为华丽和朴素两个派别。华丽派多采用陶瓷描金或做旧金属，朴素派多使用素色陶瓷和铁艺，根据家具风格选择即可。色彩多以素雅的蓝色、白色为主。

7 美式风格工艺品

美式风格的工艺品分为乡村派和现代派。乡村风工艺品具有质朴的特征，材质上可以选择木质、藤、铁艺、做旧铜等材料，颜色多古朴，例如做旧处理的黑色、古铜色铁艺、树脂鹿头等；现代美式工艺品除了可以用乡村风混搭外，还出现了一些亮面金属和玻璃的款式。

8 欧式风格工艺品

欧式风格的工艺品分为欧式和简欧两类。古典欧式工艺品常常带有贵族气息，材料多为铁、铜等金属及树脂，色彩上以白色、金色和大地色系较多，优雅和华美是此类工艺品的特色。简欧风格的工艺品延续了欧式的一些特征，但选材方面更多样化，加入了玻璃、陶瓷等类型的款式。

9 地中海风格工艺品

地中海风格的工艺品具有海洋般的美感，造型多为海洋元素，例如鱼、贝壳、船等。材质多样，陶瓷、铁艺、贝壳、树脂、编织或者木质材料，均适合，陶瓷和铁艺有时也会做一些仿旧处理。色彩除了海洋配色的蓝、白、红外，古朴的大地色系也很常见。

10 东南亚风格工艺品

　　东南亚风格的工艺品富有禅意，蕴藏较深的泰国古典文化。多以纯天然的藤、竹、柚木和石材为材质，纯手工制作而成，比如竹节袒露的竹框相架或名片夹，以椰子壳、果核、香蕉皮、蒜皮等为材质的小饰品等，均带着几分拙朴。有时也会使用做旧感的黄铜制作各种动物雕塑、佛头等。

11 田园风格工艺品

　　田园风格所使用的工艺品具有浓郁的田园特点，造型或图案为花草、动物等自然元素。材质非常多样化，除了实木外，树脂、藤、铁艺、草编等均适合。树脂类以白色或浅色为主，其他类别材料则多为本色。

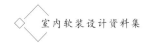

不同材质工艺品的特点

工艺品的款式非常多，使用的材质也非常广泛，常见的有纺织类、编织类、竹木、金属、陶瓷、水晶、玻璃以及树脂等，每一种材料都有其独特的个性，适合的风格也不尽相同。

不同材质工艺品的特点

名称	介绍	适合风格	图片
纺织类工艺品	◎主要是指壁毯，它是由羊毛、棉线等材料为原料编织制成的 ◎此类工艺品具有温馨感和温暖感，能够柔化墙面冷硬的线条 ◎图案种类很多，根据相应的风格选择即可	◎北欧风格 ◎中式风格 ◎新中式风格 ◎欧式风格 ◎法式风格	
玉石工艺品	◎以玉或石材为原料，制作手法以雕刻为主，也有一些具有创意的款式会与金属、木质架子组合 ◎此类工艺品主要是以各类佛像、动物和山水等为主题 ◎多带有中国特有的美好含义或寓意	◎中式风格 ◎新中式风格 ◎东南亚风格	
木工艺品	◎木工艺品主材为木质坚韧、色泽光亮的各种硬木 ◎木工艺品有两大类，一种是实木雕刻的木雕，包括各种人物、动物甚至是中国文房用具等，还有一种是用木片拼接而成的，立体结构感更强 ◎优质的木雕工艺品具有收藏价值，但对环境的湿度要求较高，不适合干燥地区	◎北欧风格 ◎中式风格 ◎新中式风格 ◎田园风格	

名称	介绍	适合风格	图片
金属工艺品	◎以各种金属为材料制成的工艺品，包括不锈钢、铁艺、铜、金银和锡等 ◎款式较多，有人物、动物、抽象形体、建筑等 ◎做旧处理的金属具有浓郁的朴实感 ◎光亮的金属则非常时尚 ◎通常来说，金属材料的工艺品使用寿命较长，对环境条件的要求较少	◎所有家居风格	
陶瓷工艺品	◎大多制作精美，即使是近现代的陶瓷工艺品也具有较高的艺术价值 ◎瓷器类，款式较多样，主要以人物、动物或瓶件为主，除了正常的瓷器质感，还有一些仿制大理石纹的款式 ◎陶器类，款式较少，效果比较质朴	◎所有家居风格	
水晶工艺品	◎单独以水晶制作或用水晶与金属等结合制作的工艺品 ◎水晶的部分具有晶莹通透、高贵雅致的观赏感 ◎不同的水晶还具有不同的作用，具有较高的欣赏价值和收藏价值 ◎具有代表性的是各种水晶球、动物摆件以及植物形的摆件等	◎现代风格 ◎简约风格 ◎新中式风格 ◎欧式风格 ◎法式风格	
玻璃工艺品	◎现代的玻璃技术非常发达，所以玻璃工艺品种类非常多，且具有创造性和艺术性 ◎一般分为熔融玻璃工艺品、灯工玻璃工艺品、琉璃工艺品三类 ◎造型和色彩可选择性较多，并不限于常见的人物、动物、瓶器，还有一些抽象的造型和非常华丽的款式	◎所有家居风格	
树脂工艺品	◎以树脂为主要原料，通过模具浇注成型 ◎可制成各种仿真效果，包括仿金属、仿水晶、仿玛瑙等 ◎树脂工艺品比陶瓷等材料抗摔，不会轻易破裂，且重量轻	◎所有家居风格	

不同空间 工艺品的 运用

工艺品想要达到良好的装饰效果，摆放方式是很重要的，既要与整个居室的风格相协调，又要能够鲜明体现设计主题。不同空间、不同类别的工艺品，要特别注意将其摆放在适宜的位置，不宜过多、过滥，才能拥有良好的装饰效果。

1 客厅工艺品的布置

客厅通常是家居中面积最大的空间，工艺品的选择可能会大小结合。建议将一些大型的、具有整体装饰风格代表元素的工艺品，放在较为突出的视觉中心的位置，例如背景墙上；如果觉得有些单调，还可以在一些几、柜的面层上，摆放一些小型的工艺品。客厅选择的工艺品以大气、能够彰显居住者品位的类型为佳。

2 餐厅工艺品的布置

很多家庭中的餐厅面积都不大，在墙面悬挂一面装饰镜是不错的选择，既能装饰，又能扩大空间感。如果餐厅内设置有边柜、酒柜等收纳家具，可以在上面摆放一些小型的工艺品，与家居风格相符即可，数量不宜过多；想要更有趣味性一些，可以直接在墙面悬挂一组装饰盘，既美观又符合餐厅的功能性。

3 卧室工艺品的布置

卧室内工艺品的最佳摆放位置是斗柜的柜面上，选择一些小型工艺品，既能丰富室内的装饰层次，又不会妨碍正常活动；床头柜如果使用频率很高，不建议摆放工艺品，因为很容易碰掉落，反而增添麻烦。

4 书房工艺品的布置

书房需要一些安静的、具有学术性的氛围，所以选择装饰品时款式上宜精心挑选，避免过于夸张或幼稚的类型，瓶器、装饰品、文房四宝等都是不错的选择。书房中工艺品的最佳摆放位置是书柜或书架上，如果书桌比较大，也可以适当摆放。

5 玄关工艺品的布置

玄关是进出频繁的空间，所以工艺品的位置应仔细考虑，以不妨碍交通为宜。通常来说，小型工艺品或悬挂类的更合适，例如装饰镜、小摆件等。最佳位置是玄关桌、柜或鞋柜台面上。

6 过道工艺品的布置

过道摆放何种尺寸的工艺品主要取决于它的宽度，如果是窄而长的过道，可以在尽头墙面摆放一张案或桌，上方摆放小型工艺品，既美观又可调整空间比例；如果过道较宽，可以靠侧墙参照上面方式摆放，也可直接落地摆放大型款式。

室内软装设计资料集

工艺品运用
案例解析

案例一

| 户型解析 | 三室两厅 | 家居风格 | 新中式风格 |
| 主要工艺品材料 | 陶瓷、实木 | 主要工艺品色调 | 白、棕 |

工艺品类型：摆件
工艺品风格：新中式风格
工艺品色彩：棕色
工艺品材质：实木

工艺品类型：摆件
工艺品风格：新中式风格
工艺品色彩：浅棕色
工艺品材质：实木根雕

工艺品类型：摆件
工艺品风格：新中式风格
工艺品色彩：白色
工艺品材质：陶瓷

工艺品类型：摆件

工艺品风格：新中式风格

工艺品色彩：黑色

工艺品材质：陶瓷

工艺品类型：摆件

工艺品风格：简约风格

工艺品色彩：白色

工艺品材质：陶瓷

TIPS

工艺品运用解析：

　　公共区装饰风格以新中式为主，所以工艺品也选择了以新中式风格为主，少量地加入了一些简约风格混搭，增加层次感。

工艺品运用解析:

　　主卧室内仅在床侧的桌面上摆放了一组小型的工艺品,数量少而精,同时与公共区呼应,用新中式风格混搭了简约风格。

工艺品类型:摆件
工艺品风格:新中式风格
工艺品色彩:浅棕色
工艺品材质:陶瓷

工艺品类型:摆件
工艺品风格:简约风格
工艺品色彩:黑色
工艺品材质:陶瓷

工艺品类型：摆件

工艺品风格：新中式风格

工艺品色彩：棕色

工艺品材质：实木

工艺品类型：摆件

工艺品风格：新中式风格

工艺品色彩：白色

工艺品材质：陶瓷

工艺品类型：摆件

工艺品风格：新中式风格

工艺品色彩：棕色＋黑色

工艺品材质：金属

TIPS

工艺品运用解析：

次卧室将工艺品集中摆放在了收纳柜

上，美观又不会对日常活动造成阻碍，风格

与整体装饰呼应，强化新中式风格的韵味。

户型解析 别墅　　　　　　**家居风格** 混搭风格

主要工艺品材料 金属、树脂　　**主要工艺品色调** 暗金、黑、棕

工艺品类型：摆件　　　　　工艺品类型：摆件　　　　　工艺品类型：装饰镜

工艺品风格：法式风格　　　工艺品风格：法式风格　　　工艺品风格：法式风格

工艺品色彩：暗金色＋白色　工艺品色彩：黑色　　　　　工艺品色彩：暗金色

工艺品材质：陶瓷＋金属　　工艺品材质：树脂　　　　　工艺品材质：树脂

工艺品类型：摆件

工艺品风格：法式风格

工艺品色彩：暗金色

工艺品材质：树脂

工艺品类型：摆件

工艺品风格：美式风格

工艺品色彩：黑色

工艺品材质：金属

工艺品类型：摆件

工艺品风格：美式风格

工艺品色彩：黑色＋暗金色

工艺品材质：金属＋树脂

TIPS

工艺品运用解析：

别墅整体风格选择了法式和美式的混搭，工艺品的选择也围绕着这个主题，客厅、餐厅以法式为主，娱乐室以美式为主。

工艺品类型：摆件

工艺品风格：法式风格

工艺品色彩：暗金色

工艺品材质：水晶＋金属

工艺品类型：摆件

工艺品风格：美式风格

工艺品色彩：暗金色

工艺品材质：玻璃＋金属

工艺品类型：摆件

工艺品风格：美式风格

工艺品色彩：银色

工艺品材质：树脂

TIPS

工艺品运用解析：

主卧室中的装饰品集中于装饰柜上，与花艺和装饰画形成小的景观，虽然数量不多，但是高低错落，质感丰富。

TIPS

工艺品运用解析：

　　儿童房的主题是篮球世界，选择了具有代表性的球星形象的美式风格摆件，表现主题特点，并增添趣味性。

工艺品类型：摆件

工艺品风格：美式风格

工艺品色彩：棕色

工艺品材质：树脂

工艺品类型：摆件

工艺品风格：美式风格

工艺品色彩：白色＋黑色

工艺品材质：树脂

第七章

室内软装元素
之
装饰画

DECORATION

装饰画不单单是一种装饰品，还是一种艺术
它是室内软装饰中一个非常重要的元素
是家居装饰的点睛之笔
即使是白色的墙面搭配几幅装饰画也可以立刻变得生动起来
装饰画的使用有很多种形式
可以摆放也可以悬挂，可以单独使用也可以成组使用
悬挂装饰画组成照片墙，能够为空间增添浓郁的艺术气息
但不同风格、材料的装饰画都有着不同的特点
了解这些特点是良好地运用它的前提

装饰画
常见风格
解析

安装与居室相同风格的装饰画，是最简单、最不容易出现混乱感的搭配方式。除此之外，对于有相似特点的风格来说，装饰画也是可以混搭的，但这就需要对所有装饰画的风格特点有详细的了解，才更容易塑造具有协调感的效果。

1 中式风格装饰画

中式古典风格的装饰画画风端庄典雅、古色古香。色彩因为颜料的限制性，多以古朴庄重为主，少量地加入一点蓝色、红色和黄色等彩色。以水墨画最具代表性，多以中国古典名人、山水风景、梅兰竹菊、花鸟鱼虫等为主题，具有典型的中式神韵，不仅是装饰画，经典作品甚至是传世佳品。

2 新中式风格装饰画

新中式风格的装饰画是古典含蓄美与现代实用理念的结合，题材比中式风格更广泛，不再仅仅限于水墨画，画面能够体现和谐、含蓄，具有中式韵味的均可以使用。它讲求的是意境，没有明确的色彩、图案方面的限制，不仅仅限于中式的那些代表画面，一些抽象的、具有创意性的水墨画也很常见。

3 现代风格装饰画

现代风格装饰画内容多为一些抽象题材，配色也非常具有个性，黑、白、灰或艳丽的彩色等。具象题材中个性十足的类型，甚至以格子、几何图形、字母组合为主要内容的画作均可使用，一切给人个性，前卫感的画均属于此类。

4 简约风格装饰画

现代简约风格所对应的装饰画，不仅画面线条简洁、抽象，画框也应具有简约特点，多为窄框或无框。题材的内容含义并不一定要清楚，符合画面感即可，色彩可以是无色系也可以是对比的彩色。

5 北欧风格装饰画

北欧风格的装饰画具有极简特点，画面多为白底，画面色彩以黑色、白色、灰色及各种低彩度的彩色较为常用，画框则多为黑色或原木色，窄边。题材多为大叶片的植物、麋鹿等北欧动物或几何形状的色块、英文字母等。

6 法式风格装饰画

法式风格装饰画有两种类型：一是宫廷题材，色彩浓厚，画风与欧式风格类似，但代表人物、建筑和画框不同；一是田园题材，较清新，色彩多为绿色，画面以花朵及动物为主。

7 美式风格装饰画

美式风格的装饰画无论何种美式风格均可以通用，没有特别明确的区别。此风格的装饰画具有明显的美式民族特征，画面可以是乡村风景、美式人物、建筑等主题的色彩浓郁的油画，也可以是田园元素花草、动物或美式经典人物、建筑的印刷品及照片。

8 欧式风格装饰画

欧式风格装饰画最具代表性的就是油画，既追求深沉，又显露尊贵、典雅，画框多采用线条烦琐、雕花的金边。除油画外，还可以是欧式建筑照片、马赛克玻璃画等。简欧家居中还可以使用色彩浓郁的抽象画。

9 地中海风格装饰画

地中海风格的装饰画带有典型的海洋风情，画面内容以地中海地区的自然景观、建筑及海洋元素等为主。

色彩的组合非常奔放、纯美，除了经典的蓝白、大地色系等组合外，蓝黄、红绿等对比色非常常见，表现一种无拘束的自由感。

10 东南亚风格装饰画

东南亚风格实际上是将西方和东方元素融合后加入了本地特色而产生的风格，所以装饰画画面有偏于中式特点、偏于西式特点的，还有带有典型泰式特点的。

色彩或淡雅或浓郁，除了常规的印刷、绘制作品外，还较多地使用实木等材料的雕刻画、鎏金画等。

11 田园风格装饰画

田园风格装饰画的特点是自然、舒适、温婉、内敛，题材以自然风景、植物花草、动物等自然元素为主。

画面色彩多平和、舒适。即使是对比色，由于取自于自然界，也会经过调和降低刺激感再使用，非常舒适，例如淡粉色和深绿色的组合。

不同材质 装饰画的 特点

装饰画不仅有常见的印刷品和手绘作品，还有很多通过一些复杂工艺制作的装饰画。不同材料制作的装饰画装饰效果是不同的。除此之外，所使用的画框材料的不同，对整体效果也有着重要的影响。

1 装饰画的材质

不同材料制作的装饰画，适合的风格、装饰效果及经济价值是有区别的，恰当地选择合适的材质，才能起到美化居室和彰显居住者品位的作用。

不同类型装饰画的特点

名称	介绍	适合风格	图片
摄影画	◎摄影画是近现代出现的一种装饰画 ◎画面包括"具象"和"抽象"两种类型，具象通常包括风景、人物和建筑等 ◎色彩有黑白和彩色两个类型 ◎总的来说，此类装饰画适合搭配造型和色彩比较简洁的画框	◎所有家居风格	
油画	◎油画具有极强的表现力和丰富的色彩变化 ◎充满透明、厚重的层次对比，以及变化无穷的笔触和坚实的耐久性 ◎题材一般为风景、人物和静物，是装饰画中最具有贵族气息的一种	◎现代风格 ◎欧式风格 ◎法式风格 ◎美式风格 ◎田园风格 ◎地中海风格	

名称	介绍	适合风格	图片
水墨画	◎以水和墨为原料作画的绘画方法，是中国传统式绘画，也称国画 ◎画风淡雅而古朴，讲求意境的塑造 ◎分为黑白和彩色两种 ◎近处写实，远处抽象，色彩微妙，意境丰富	◎中式风格 ◎新中式风格	
丙烯画	◎是用丙烯颜料制成的画作 ◎色彩鲜艳、色泽鲜明、干燥后为柔韧薄膜 ◎坚固耐磨，耐水，抗腐蚀，抗自然老化，不褪色，不变质脱落 ◎画面不反光，具有非常高级的质感 ◎是所有绘画中颜色最饱满、浓重的一种	◎现代风格 ◎欧式风格 ◎新中式风格 ◎法式风格 ◎美式风格 ◎田园风格 ◎地中海风格	
水彩画	◎水彩画从派别上来说与油画一样，同属于西式绘画方法 ◎用水彩方式绘制的装饰画，具有淡雅、透彻、清新的感觉 ◎画面质感与水墨画类似，但更厚一些，色彩也更丰富一些 ◎没有特定的风格走向，根据画面和色彩选用即可	◎所有家居风格	
镶嵌画	◎镶嵌画是指用各种材料通过拼贴、镶嵌、彩绘等工艺制作成的装饰画 ◎常用的材料包括立体纸、贝壳、石子、铁、陶片、珐琅等 ◎具有非常强的立体感，装饰效果十分个性 ◎不同风格的家居中，可以选择不同工艺的装饰画做搭配	◎现代风格 ◎中式风格 ◎新中式风格 ◎美式风格 ◎田园风格	
木质画	◎木质画的原料为各种木材，经过一定的程序雕刻或胶粘而成 ◎根据工艺的不同，总体来说可以分为三类 ◎有碎木片拼贴而成的写意山水画，层次和色彩感强烈 ◎有木头雕刻作品，如人物、动物、脸谱等 ◎还有在木头上烙出的画作，称为烙画	◎现代风格 ◎中式风格 ◎新中式风格 ◎东南亚风格	

名称	介绍	适合风格	图片
金箔画	◎金箔画的原料为金箔、银箔或铜箔 ◎此类装饰画的制作工序较复杂 ◎底板为不变形、不开裂的整板，经过塑形、雕刻、漆艺加工而成的 ◎具有陈列、珍藏、展示的作用 ◎装饰效果奢华但不庸俗，非常高贵	◎中式风格 ◎新中式风格 ◎欧式风格 ◎法式风格 ◎东南亚风格	
编织画	◎编织画的制作原料是棉线、丝线、毛线、细麻线等线形材料 ◎在确定图案后，采用编织的工艺制作而成 ◎图案色彩明亮，题材多为少数民族风情、自然风光等 ◎有较为浓郁的少数民族色彩，风格比较独特	◎现代风格 ◎新中式风格 ◎欧式风格	
玻璃画	◎玻璃画是一种非常特殊的装饰画，它是在玻璃上用油彩、水粉、国画颜料等绘制而成的 ◎利用玻璃的透明性，在着彩的另一面观赏，用镜框镶嵌，具有浓郁的装饰性 ◎题材多为风景、花鸟和吉祥如意图案等，也有人物，色彩鲜明强烈	◎中式风格 ◎新中式风格 ◎田园风格	
铜版画	◎铜版画使用的基材是铜版，在上面用腐蚀液腐蚀或直接用针或刀刻制出画面 ◎属于凹版，也称"蚀刻版画" ◎制作工艺非常复杂，所以每一件成品都非常独特，具有艺术价值	◎新中式风格 ◎欧式风格 ◎法式风格 ◎东南亚风格	

2 画框的材质

挑选装饰画的时候不能只关注画面的效果，一个恰到好处的画框是能够为装饰画加分的，如果搭配的画框不协调，装饰画整体的美观度就会下降。一般来说，装饰画框包括金属、实木、树脂、塑料和无框画五种，每一种适合的装饰画风格是有区别的。

不同材质画框的特点

名称	介绍	适合风格	图片
金属框	◎金属框的主要制作材料为各种金属，包括不锈钢、铜、铁、铝合金等 ◎根据制作工艺的不同，效果非常多样，或现代或古朴厚重，可低调可奢华，可选择性较多 ◎根据金属硬度的不同，能够承受不同重量的画作 ◎颜色较少，常见的有金色、银色、白色和黑色等	◎现代风格 ◎简约风格 ◎新中式风格 ◎美式风格 ◎田园风格 ◎地中海风格	
实木框	◎实木框的制作材料是各种实木，可分为平面和雕花两种类型 ◎质量重、质地硬，不能弯曲 ◎装饰效果低调、质朴，适合搭配各种色彩的画作 ◎能承受较大重量的装饰画 ◎颜色多为木本色或彩色油漆	◎所有风格	
树脂框	◎以树脂为原料制成的画框，是采用压制方法制作成型的 ◎可以仿制很多其他材料的质感，例如金属，效果非常逼真 ◎硬度高、质地坚硬、耐久度高 ◎款式多样，是一种非常具有观赏价值的画框	◎法式风格 ◎美式风格 ◎田园风格 ◎地中海风格	
塑料框	◎以塑料为原料制成的画框，同树脂框一样，都是压制成型制作 ◎是比较经济的一种画框，款式和颜色比较多，相比来说，质感不是很高档 ◎即使是带有雕花的款式也能制成，还有各种其他画框难以达到的造型	◎现代风格 ◎简约风格 ◎北欧风格 ◎地中海风格	
无框	◎无框画就是不使用画框，将画直接固定在底板上展示的一种方式 ◎以无框的表现形式，使装饰画表现出时尚、现代、无拘无束的个性，能够增添活力 ◎可以用套画、多拼画的形式，是现代装饰的潮流 ◎减少了画框成本，更加经济	◎现代风格 ◎简约风格	

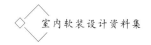

装饰画
常见布置
形 式

装饰画的最终装饰效果与其布置方式有着绝对的关系，正确的布置装饰画才能够起到美化空间的作用，如果装饰画布置得杂乱无章，反而会让空间显得特别杂乱，起不到任何美化作用。

装饰画的布置形式及介绍

名称	介绍	操作建议	图片
单幅摆放	◎适合摆放在主要起到装饰作用的桌、台、几面上，或者不妨碍交通的地面上 ◎摆放时，装饰画需要有一定的倾斜角度，保证其稳固性	◎此种方式适合尺寸较大的装饰画 ◎可同时与花艺、工艺品等其他饰品组合	
多幅摆放	◎多幅摆放可分为三种形式：水平摆放、底部平齐、高度平齐或不平齐摆放以及叠加摆放 ◎比起悬挂布置来说，可选择性较少，但可以加入工艺品或花艺	◎同时使用多幅装饰画时，应有一幅作为主体，使主次分明 ◎数量不宜过多，尺寸差距不宜过大，否则容易显得凌乱	
单幅悬挂	◎是一种非常常见的布置方式，操作起来比较简单 ◎能够让人的视线聚集到悬挂位置上，让装饰画成为视觉中心 ◎面积小和面积大的墙面均可使用此种方式	◎需要掌握好装饰画与墙面的比例 ◎除需要覆盖整个墙面的类型外，装饰画的四边都应留有一定的空白	

名称	介绍	操作建议	图片
重复式悬挂	◎此种方式是将三幅或四幅造型、尺寸相同的装饰画平行悬挂，作为墙面的主要装饰 ◎面积小和面积大的墙面均可使用此种方式	◎三幅装饰画的图案包括边框应尽量简约 ◎浅色或是无框的款式更为适合	
水平线式悬挂	◎此种方式适合相框尺寸不同、造型各异的款式 ◎可以以画框的上缘或者下缘定一条水平线，沿着这条线进行布置，一边平齐即可 ◎适合面积较大的墙面	◎特别适合摄影内容的画作 ◎大小可搭配选用，统一会显得呆板	
建筑结构式悬挂	◎此种方式是沿着门框和柜子的走势悬挂装饰画，或以楼梯坡度为参考线悬挂 ◎适合房高较高或门窗有特点的户型，也可用在楼梯间内 ◎适合面积较大的墙面	◎装饰画最好是成系列的作品，看起来会比较整齐 ◎特别适合摄影内容的画作 ◎尺寸相差不宜过多，否则容易显得杂乱	
对称式悬挂	◎此种操作方式是将两幅装饰画左右或上下对称悬挂 ◎适合同系列画面但尺寸不是特别大的装饰画 ◎面积小和面积大的墙面均可使用此种方式	◎最保守的悬挂方式，不容易出错 ◎适合选择同一内容或同系列内容的画作	
方框线式悬挂	◎根据墙面的情况，需要在心里勾勒出一个方框形，并在这个方框中填入画框 ◎尺寸可以有一些差距，但画面风格统一最佳 ◎适合面积较大的墙面	◎可以放四幅、八幅甚至更多幅装饰画 ◎悬挂时要确保画框都放入了构想中的方框中，整体应形成一个规则的方形	

装饰画墙的布置技巧

布置一面装饰画墙是现代住宅中非常流行的一种装饰方式。当装饰画重复出现后，视觉冲击力得以强化，不仅能够美化空间，还能够彰显居住者非凡的品位。它并不是胡乱的堆积，而是有一定原则可以参考的，否则很容易显得混乱不堪。

1 根据家居风格选择类型

装饰画墙的聚焦能力很强，会第一时间吸引人们的视线，所以它的风格宜与家居整体风格相同，否则会让人感觉很突兀。

欧式风格的居室适合使用华丽一些的树脂画框，采取比较规律一些的排列方式更符合风格特征；美式风格则可以使用带有做旧感的木质或金属画框，尺寸和排列方式可以适当灵活一些。

如果是现代风格，无框和窄框是很好的选择，排列方式和色彩组合都可以个性一些；北欧和简约风格的画框，色彩和造型都宜简洁一些，排列方式则无需过于严谨。

需要注意的是，如果是中式传统风格的住宅，则不适合直接使用装饰画墙的布置，让人感觉不协调。可以选择中式传统类型的画作并将其隐藏起来，如将其放在带有中式古典雕花造型的相框中。

2 尺寸不宜过满

装饰画墙使用的装饰画数量较多，如果随意地布置，会显得非常杂乱。通常来说，装饰画墙所占据的面积不宜超过墙面面积的 2/3，整体比例会比较舒适。画框与画框之间的距离为 5 厘米较佳，太近显得拥挤。2 米长的墙面布置 8 组画左右比较合适，3 米长的墙面适合布置 12 组左右。

3 色彩可一致，可对比

装饰画墙的整体色彩，若追求文雅一些的感觉，在选择装饰画时宜选择与空间主色一致的颜色，画框和画面的色彩差距也应小一些；如果追求活泼一些的效果，可以选择与墙面或家具对比度大一些的类型，此种情况下，选择与画面一致或墙面一致色彩的画框更不容易出现混乱的情况。

4 整体造型可个性化一些

照片墙的布置方式与多幅装饰画的布置有一点区别，它通常会直接取代墙面造型作为装饰焦点，所以造型上可以个性化一些，不仅限于规整的形状，甚至可以是心形、菱形、台阶式或不规则形状，但组合方式宜与整体风格呼应，如果是古典类的风格，造型就不适合过于跳脱。

不同空间
装饰画的
运 用

　　装饰画不仅可以用在客厅、餐厅、卧室、书房等空间中，甚至卫浴间和厨房中也开始用装饰画来做装饰。而这些不同的家居空间，由于使用功能和面积的区别，在布置装饰画时应区别对待。

1 客厅装饰画的布置

　　客厅中装饰画多布置在沙发墙上，所以宜将沙发作为中心，两者不宜过于接近，存在一些差别更能够互相突出。如果沙发色彩素雅，可以选择略为活泼一些的装饰画，想要区别小一些，画框色彩可与沙发一致；若沙发活泼，装饰画就适合低调一些。大客厅可以选择大尺寸的类型，彰显大气感，小客厅则可以用小尺寸的进行组合。

2 餐厅装饰画的布置

　　餐厅是家人们进餐的空间，装饰画的选择可以与墙面的差距略大一些，来增加一些活泼感，有助于增进人们的食欲。带有一些红、黄等暖色的画面效果会更好，但如果觉得过于刺激，则可以选择色调清新柔和、画面干净的类型。画面可以与食物有关，也可以是风景、花卉、景物、自然风光等，让人心情愉悦即可，尺寸不宜过大。

3 卧室装饰画的布置

卧室的整体氛围宜柔和、舒适，所使用的装饰画配色和画面不宜过于个性、刺激，淡雅、舒适的款式最佳。通常最佳位置是床头墙或床头对面的墙壁上，数量不宜过多，单幅或5幅以内最佳。

4 书房装饰画的布置

书房中使用的装饰画以能够烘托出安静而又具有学术性的氛围为佳，例如黑白色的摄影画、字母画，淡雅的水墨画或水彩画等。数量不宜太多，尺寸不宜过杂，可摆放在书柜上，也可悬挂在空白墙上。

5 玄关、过道装饰画的布置

玄关和过道属于家居中主要的交通空间，空间通常不会太大，所以装饰画尺寸不宜过大。选择能反映家居主体的画面为佳。可以悬挂，如果有柜子或几案，也可以搭配花艺或工艺品组合摆放。

6 厨卫装饰画的布置

厨房和卫浴间的装饰很容易让人有单调的感觉，适合选择配色明快、活泼一些的装饰画。由于油烟和潮气较多，材质宜选择容易擦洗、不易受潮的油画或玻璃画等类型，数量1~2幅即可。

装饰画运用
案例解析

案例一

户型解析	两室两厅	家居风格	混搭风格
主要装饰画材料	摄影、水墨	主要工艺品色调	无色系

装饰画类型：摄影画

画框的材质：实木

装饰画色彩：棕色系＋无色系

布置形式：方框线式悬挂

装饰画类型：水墨画

画框的材质：实木

装饰画色彩：无色系＋红色

布置形式：多幅摆放

TIPS

装饰画运用解析：

客厅墙面造型简单，采用装饰画墙可以聚焦视线。餐厅面积小还摆放了餐边柜，与工艺品组合，摆放布置装饰画更适合。

TIPS

装饰画运用解析：

主卧室中壁灯的设计非常具有趣味性，但偏于一侧，感觉重心不稳，在另一侧加入一幅竖向的装饰画，感觉更平衡，且个性。

装饰画类型：水彩画

画框的材质：金属

装饰画色彩：无色系＋棕色

布置形式：单幅悬挂

装饰画类型：水彩画

画框的材质：实木

装饰画色彩：无色系

布置形式：多幅摆放

装饰画类型：水彩画

画框的材质：金属

装饰画色彩：无色系 + 棕色

布置形式：对称式悬挂

TIPS

装饰画运用解析：

床头墙对面的墙面，以悬挂和摆放这组装饰画组成了一面背景墙，虽然数量多，但彼此之间以及与床头画之间风格统一。

户型解析 两室两厅　　　　**家居风格** 北欧风格

主要装饰画材料 水彩　　　　**主要装饰画色调** 黄、蓝

装饰画类型：水彩画

画框的材质：实木

装饰画色彩：蓝色系＋淡黄色

布置形式：单幅悬挂

装饰画类型：水彩画

画框的材质：实木

装饰画色彩：蓝色系＋淡黄色＋白色＋深棕

布置形式：多幅摆放

装饰画类型：水彩画

画框的材质：实木

装饰画色彩：蓝色系＋黄色

布置形式：单幅悬挂

TIPS

装饰画运用解析：

公共区的装饰画分别出现在沙发墙、电视墙和餐厅墙面上，色彩的组合方式和画框的类型非常统一，具有层次感，却不混乱。

装饰画类型：水彩画

画框的材质：实木

装饰画色彩：无色系＋黄色

布置形式：单幅悬挂

装饰画类型：摄影画

画框的材质：实木

装饰画色彩：蓝色系＋淡黄色

布置形式：单幅摆放

装饰画类型：摄影画

画框的材质：实木

装饰画色彩：无色系

布置形式：多幅摆放

TIPS

装饰画运用解析：

　　休闲区以装饰画作为装饰主体，分别用在了墙面以及书架上，虽然有摆放、有悬挂，但都选择了一样的画框，不显混乱。

TIPS

装饰画运用解析:

　　主卧室的墙面没有任何造型,为了避免过于单调,分别在床头墙和侧墙都悬挂了一幅装饰画,两者的色彩上有所呼应。

装饰画类型:水彩画
画框的材质:实木
装饰画色彩:蓝色系＋黄色
布置形式:单幅悬挂

装饰画类型:水彩画
画框的材质:实木
装饰画色彩:白色＋蓝色系＋黄色
布置形式:单幅悬挂

第八章

室内软装元素
之
餐具

TABLEWARE

餐具不仅是饮食所必须的物品

还是现代家居餐厅中最具自然感的软装

精美的餐具

不仅能够让人感到赏心悦目

还能够增进食欲

美观且讲究的餐具组合

还能够从细节上体现居住者的高雅品位

或素雅、或高贵、或简洁、或繁复的不同类型的餐具

可以为餐厅空间增添不同的氛围

餐具的常见风格解析

餐具从使用方式上来说，总的可以分为中餐餐具和西餐餐具两大类型，区别就是摆放方式和包含的种类不同。而实际上在使用时，大部分家居中使用的都是中餐餐具，风格的区别主要体现在花色上。

不同风格餐具的特点

名称	介绍	适合风格	图片
现代风格餐具	◎现代风格的餐具比较注重创意性，看似简单的设计却蕴含着很多心思，符合年轻人的审美 ◎图案多为抽象或结合拼接类型 ◎色彩以黑色、白色的组合最具代表性，一些高纯度的彩色也会经常被使用，但很安全，不会危害健康	◎现代风格 ◎简约风格	
简约、北欧风格餐具	◎实际上，这两种餐具有很多的共同点，可以互用 ◎色彩或以白色为主，搭配简单的黑色、灰色、深蓝等色彩的几何图形或字母 ◎或以淡雅的彩色为主，可能会带有浮雕花纹，但通常不使用图案，体现一种精致的简洁美	◎现代风格 ◎简约风格 ◎北欧风格	
欧式风格餐具	◎欧式餐具可以分为瓷器、玻璃器皿和钢铁类餐具三大部分 ◎通常带有繁缛精细的欧洲古典装饰纹样 ◎配以高雅的灰色调或奢华的金银色 ◎给人以优雅高贵的视觉感受	◎欧式风格 ◎简欧风格 ◎法式风格	

名称	介绍	适合风格	图片
美式风格餐具	◎美式风格餐具可以分为乡村风格和现代美式两类，但前者更常用，是非常具有美式代表性的 ◎乡村风格的餐具会使用较厚实一些的瓷，而现代美式餐具则较多使用薄一些的骨瓷 ◎乡村餐具图案多为花草、动物，其中公鸡、熊等动物是非常具有代表性的 ◎现代美式餐具图案则多为几何图形	◎美式风格 ◎地中海风格 ◎田园风格	
地中海风格餐具	◎地中海风格的餐具主要以瓷器为主 ◎色彩的组合上以蓝、白为主，偶尔会使用黄色、红色、绿色等色彩做点缀 ◎除了几何形状的餐具外，还有一些仿海洋生物造型的款式，例如鱼形、海星形等 ◎印花也多与海洋元素有关，条纹和田园元素中的花草纹路也常会使用	◎美式风格 ◎地中海风格 ◎田园风格	
民族风格餐具	◎民族风格具有典型地域特征的图案和色彩语言，是对一种文化传统、一种民族精神的诠释 ◎代表性的是日式餐具和东南亚餐具等 ◎除了陶瓷餐具外，还会使用一些竹木材质的餐具 ◎此类餐具中具有一些共同点，某一些款式不仅可以互相混搭，还可以与新中式风格的餐厅混搭	◎新中式风格 ◎东南亚风格 ◎日式风格	
中式风格餐具	◎中式餐具的碗碟一般采用的是瓷器或陶器，具有清透、柔和的高贵之感 ◎中式风格的餐具具有古典、雅致的韵味 ◎可分为古典中式和新中两种风格 ◎古典的中式餐具具有古朴雅致的味道，拥有一股古色古香的民族气息 ◎新中式餐具将古今结合为一体，更具有便捷性	◎中式风格 ◎新中式风格 ◎东南亚风格	
田园风格餐具	◎田园风格的餐具色彩清新淡雅、娇嫩恬静 ◎图案多为洋溢着自然风情的植物，花草纹样或格子、条纹等图案 ◎还有一种纯白色但是带有浮雕花纹的餐具，也非常唯美 ◎具有清新、唯美的装饰效果，可以搭配同风格桌布，能够烘托出野餐一般的悠闲感	◎地中海风格 ◎田园风格	

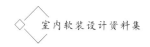

不同材质餐具的介绍

由于平时使用的餐具主要是瓷器，所以大多数人会认为餐具只有瓷器一种。实际上，除了瓷器，还有很多其他材质的餐具，例如玻璃、竹木、不锈钢等。不同材质的餐具具有不同的特点，适用于不同的情况。

不同材质餐具的介绍

名称	介绍	常见类型	图片
瓷质餐具	◎瓷质餐具在我国有着悠久的历史 ◎它造型多样，手感清凉细滑，容易洗涤 ◎现在只有美式乡村风格的餐具比较多地使用瓷来表现原始感，其他风格餐具多使用骨瓷	◎釉上彩 ◎釉下彩	
陶质餐具	◎陶和瓷实际上是两种材料，纯粹的陶具是比较原始和粗糙的 ◎陶具较重，保养起来没有瓷器那么便利 ◎近年来，随着日式风格的大热，陶具开始走入了人们的视线中，它具有其他材料无可比拟的原始美感和禅意	◎素陶 ◎彩陶	
骨瓷餐具	◎是目前世界上唯一公认的高档瓷种，号称"瓷器之王" ◎骨瓷餐具的原料为动物的骨炭、黏土、长石和石英，经过高温和低温两次煅烧成型 ◎重量轻、质感柔和、透明度高、强度高、韧性好	◎25%含量 ◎46%含量	

名称	介绍	常见类型	图片
竹餐具	◎竹餐具起源于我国使用的筷子，后期逐渐发展成了成套的器具，具有保温、防烫、耐用的特点 ◎日常中使用量最多的竹餐具就是竹筷子，竹质的盘子近年来也开始深受美食爱好者的喜爱 ◎此类餐具具有浓郁的淳朴感和原始感 ◎除正常形状外，还有一些特殊的外方内圆形、葫芦形、船形、鱼形等，非常具有艺术价值和收藏价值	◎竹本色 ◎漆色	
不锈钢餐具	◎使用率最高的是各种刀叉、匙类 ◎不锈钢餐具的主要原料是铁铬合金，同时还会掺入一些其他微量元素 ◎可以分为单一材料和复合材料两类，前者为不锈钢本色，后者会在一些部位上加入彩色塑料等材料 ◎耐腐蚀、抗摔打，使用寿命超长，所以不锈钢碗、碟非常适合给儿童使用	◎430 ◎304 ◎18-10	
玻璃餐具	◎清洁卫生，非常环保，可再利用，餐具中不含有毒物质 ◎具有晶莹剔透的质感，现代感非常强 ◎玻璃餐具很容易碎裂，不仅怕掉落、磕碰，如果质量不好，温差大的时候还有爆裂的危险 ◎玻璃耐高温，导热性好，所以特别适合用于微波炉烹饪	◎透明 ◎压花 ◎印花	
木质餐具	◎木质餐具特点与竹餐具类似，具有天然、多变的纹理，每一件都是独一无二的 ◎具有人工材料无法比拟的淳朴质感和温馨感，能够充分烘托出食物的特点 ◎材料易于加工和雕刻，所以造型上非常具有创意性，例如手形的勺子等 ◎比较瓷器来说容易发霉，不适合潮湿地区	◎木本色 ◎漆色	
仿瓷塑料餐具	◎是一种以树脂为原料加工制作的外观类似于瓷的餐具 ◎比瓷坚实，不易碎 ◎色泽鲜艳，光洁度强，很受儿童喜爱 ◎合格品耐高温高湿、耐溶剂、耐碱性都比较好 ◎仿瓷餐具的合格率较低，市面上的劣质品很多，会严重危害健康	◎蜜胺树脂（高质量） ◎脲醛树脂（劣质品）	

餐桌餐具
的布置
技巧

总的来说，餐桌的装饰可分为两个部分。一是餐具部分，餐具既是用餐工具，也是用来装饰餐桌的最佳用具。一套精美的餐具在恰当的位置摆放，能够凸显出居住者的文化素养。另一部分是纯粹的装饰物品，包括花艺、烛台、餐垫等。

1 可增加餐垫和餐巾做装饰

在很多风格的餐厅中，餐桌上都不太适合使用桌布做装饰，会让人感觉不协调，而单独摆放餐具却难免让人感觉有一些单薄和突兀。这时候，可以选择与餐具色彩或风格相协调的餐巾和餐垫，与餐具组合起来摆放在餐桌上，不仅能够丰富桌面装饰的层次，还能够彰显品位。

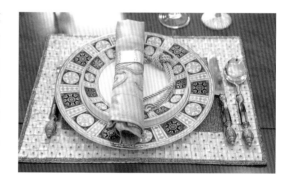

2 其他装饰宜与餐具呼应

当餐桌上使用一些其他类型的装饰与餐具搭配时，当餐桌尺寸较小时，这些装饰的色彩宜与餐具产生一些呼应。例如餐具为蓝白色组合，则装饰也可以部分是蓝色、部分是白色，这样会更具整体感，让小餐桌更具凝聚力，避免杂乱感。

3 餐具色彩可根据餐厅风格来选择

　　餐具的色彩非常丰富，每一种风格中都有非常多的选择性。作为餐厅装饰的一部分，它的色彩选择是不建议脱离整体随意进行的，否则容易破坏餐厅的其他部分的装饰效果。根据风格的特征进行搭配更容易起到锦上添花的作用，例如古典风格选择低调的色彩，而现代风格选择活泼的色彩等。

4 餐具可与烛台组合，丰富层次

　　当餐桌不大但单独使用餐具较单调时，可以加入烛台与餐具组合，它们的款式宜与餐厅风格相同。欧式风格的餐厅可以搭配描金花纹类的餐具和华丽的烛台；现代风格餐厅可以搭配色彩活泼一些的大花餐具以及水晶材质、金属材质的烛台；中式风格的餐厅则不适合使用烛台做装饰。

餐具运用
案例
解析

餐具风格：美式餐具

餐具材质：瓷＋玻璃＋金属

餐具色彩：白色＋黑色＋绿色

摆放形式：西餐餐具

餐具风格：欧式餐具

餐具材质：骨瓷＋玻璃＋金属

餐具色彩：白色＋蓝色＋金色

摆放形式：西餐餐具

TIPS

餐具运用解析：

　　西餐餐桌通常都比较大，餐具按照位置摆放后，还可以搭配一些花艺或者工艺品、主烛台等来丰富整体效果。